U0221766

园林植物景观设计实录丛书
The Illustrated Landscape Plants Series

彩色植物与景观 季色卷

Colored Plants and Their Landscape (Seasonal Colorful Plants)

李淑娟 董长根 周厚高 卢元贤 主编

陕西省西安植物园

摄影：李淑娟　董长根　张　莹　丘群光
　　　赵叶子　周厚高　朱　强　姜顺聚
　　　孙　鹏　黄少华　陈家耀　牛艳丽
　　　王少平　王　斌　韦　强　王旺青
　　　卢元贤　王文栋

华中科技大学出版社
http://www.hustp.com
中国·武汉

图书在版编目（CIP）数据

彩色植物与景观 . 季色卷 / 李淑娟 董长根 周厚高 卢元贤 主编 . – 武汉 : 华中科技大学出版社 , 2012.8

ISBN 978-7-5609-7837-6

Ⅰ . ①彩… Ⅱ . ①李… Ⅲ . ①园林设计：景观设计 Ⅳ . ① TU986.2

中国版本图书馆 CIP 数据核字（2012）第 055426 号

彩色植物与景观 季色卷　　　　　　　　　　　　　　李淑娟 董长根 周厚高 卢元贤　主编

出版发行：华中科技大学出版社（中国·武汉）

地　　址：武汉市武昌珞喻路1037号（邮编：430074）

出 版 人：阮海洪

策划编辑：王　斌　　　　　　　　　　　　　　　　　责任监印：秦英

责任编辑：段自强　　　　　　　　　　　　　　　　　装帧设计：百彤文化

责任校对：段园园

印　　刷：利丰雅高印刷（深圳）有限公司

开　　本：889 mm × 1194 mm　1/16

印　　张：16

字　　数：128千字

版　　次：2012年11月第1版 第1次印刷

定　　价：198.00元（USD 39.99）

投稿热线：（020）66638820　　1275336759@qq.com

本书若有印装质量问题，请向出版社营销中心调换

全国免费服务热线：400-6679-118 竭诚为您服务

INTRODUCTION 丛书简介

　　《园林植物景观设计实录》丛书重点介绍我国常用和新优园林植物的优良品种及其景观营造的经典实例，用简洁的文字、精美的图片展示我国园林植物景观建设的最新成就，反映园林植物配置和城市生态建设的新理念、新技术。

　　丛书按照园林植物景观的类型和园林植物的功能、特色分册出版。其中，三卷彩色植物系统收集整理了我国及周边国家彩色植物品种资源和精彩的园林景观实例，为国内目前最完整的彩色植物著作，无疑是本丛书的亮点之一。水景营造和河流、湖、塘生态改造是我国近年城市生态建设和景观建设的重点，作者倾力展示国内外水体植物景观的经典作品和创新配置，时代感强烈，相信能满足国内同行的迫切需要。《芳香植物景观》总结国内园林景观香化建设的成果，为功能植物园林的建设提供参考。发达国家绿地中观赏草的应用比例很大，景观效果良好，是低碳园林的常用植物材料，国内应用近年日益增加，发展趋势明显，《大型草本植物景观》介绍我国的大型宿根草本植物品种资源和应用效果，也是丛书的特色之一。

　　丛书专业性较强，真诚奉献给园林景观设计师、园林管理者和建设者、相关大专院校师生以及科研院所的科技工作者参考、借鉴，也提供给花卉爱好者收藏鉴赏。

前言

中国城市绿化和园林植物景观建设近十年来快速发展，在许多方面有了明显的进步。首先，城市绿地面积有了快速的增长，生态环境和居住环境有了较大的改善，住宅小区开发对绿化、美化和景观建设的重视达到了空前的高度。其次，园林植物多样性程度得到了大幅度提升，各地近年大量引进国内外优良绿化植物、开发乡土植物，使城市绿地的植物种类大量增加，极大地丰富了物种多样性，提高了生态效益和植物景观效果。第三，植物景观工程质量大幅度提高，表现在景观工程、绿化工程的设计、施工水平的提高以及植物景观养成水平的提高。第四，城市植物景观质量大幅度提高，在施工技术水平、景观养成水平提高的基础上，由于大量引进、使用经过改良的绿化植物品种，其观赏性、景观性、功能性和适应性都大为提高，比如彩化、香化、立体化和功能化等类型植物的大量使用，使园林植物景观质量有明显提升。

2004 到 2006 年我们调查、收集国内城市优秀园林绿化案例，总结当时植物景观的最新成就，反映当时园林植物景观建设的水平，出版了一套 8 册的《现代园林植物景观》丛书，包括地被植物、水体植物、阴地植物、花坛植物、藤蔓植物、芳香植物、绿篱植物和行道植物。短短 5 年，今天，这套书已经不能满足当前园林植物景观建设的需要，不能代表当前我国城市植物景观建设的最高水准。为此，我们重新编写本系列丛书，将我国最新的园林绿化成就展示出来，为设计师、城市绿化、园林建设者、管理者和大专院校师生提供借鉴。

本丛书分为彩色植物、芳香植物、水体植物、观花树木、藤蔓植物、大型草本植物等 9 册，重点介绍园林中常用和新优的园林植物及其优秀的景观实例。其中，彩色植物分为木本卷、草本卷和季色卷，系统介绍我国及周边地区彩色植物品种组成和优秀景观，将是我国目前最系统、最完整的彩色植物专著。

本书是我国园林植物景观建设成就一个阶段性的总结，由于我国园林绿化事业快速发展和作者水平的限制，错漏一定不少，真诚希望读者多提宝贵意见，以便进一步修改完善。

2012 年 6 月 1 日于广州

目录 CONTENT

目录 CONTENT

第一章

彩色植物的分类

彩色植物的概念很简单，可以定义为，植物体上的任何一处呈现出非绿色彩，就可被称为彩色植物。彩色植物的范围很广泛，包括植物体的不同器官呈现非绿的色彩，不同的生育期、不同的季节植物体不同部位呈现非绿的色彩，当然植物体也可以一年四季都是彩色的。在彩色植物中，一般以叶片呈现非绿色彩的，称为彩叶植物。

一、彩叶植物的分类

彩色植物的分类方法很少，但是彩叶植物的分类则有多种方法。下面是几种常见的彩叶植物分类方法。

（一）按色彩在叶面上的分布和观赏期分类

按照彩叶植物色彩在叶面上的分布和观赏期可以分为以下几类（曾云英、徐幸福，2005），本法的优点是简单明了。

春色叶植物：这类植物在春季新发的嫩叶有显著不同的叶色，如五角枫、矮南天竹、金叶风箱果、金焰绣线菊、魔毡绣线菊、紫叶美国梓树等。

夏色叶植物：这类植物在炎热的夏天呈现出特殊的叶色，这类植物品种不多但很珍贵，如金叶欧洲白蜡。

秋色叶植物：指在秋季叶色有明显变化的植物。此类植物品种很多，秋叶呈红色、紫红色、黄色等，如黄栌、槭树科植物、胡杨、火焰卫矛等多个品种。

双色叶植物：这类植物的叶背与叶表的颜色不同，如银白杨、红背桂，以及原产欧洲北部的银槭等。

常色叶植物：有些植物常年均呈现特殊的颜色，如红枫、金叶榆、紫叶黄栌、紫叶矮樱等。

斑色叶植物：绿叶上具有其它颜色的斑点或条纹，如花叶锦带花、花叶肥皂荚、变叶木类等。

在上述类群中，秋色叶植物和斑色叶植物是目前我国应用较多的彩叶植物类型。

（二）按彩叶呈现的时间分类

本方法主要根据彩叶呈现的时间或季节分类，简明易懂，更加全面和科学（钱萍、季春峰，2010），是一种较好的彩叶植物分类方法。

1. 常年色叶类

该类植物在其整个生长周期内都呈现出绿色以外的其他颜色。

（1）单色叶类

叶上仅具一种绿色以外的色块。依据颜色斑块的类型以及分布部位划分为如下三大类若干小类。

1）点斑类

该类植物叶上斑块呈点状分布，在中文名称中常有"洒金"之称，如洒金榕、洒金蜘蛛抱蛋、洒金桃叶珊瑚等。

2）线斑类

该类植物叶上斑块呈线状分布，依据部位不同又可细分为：①边缘线斑：斑块分布于叶的边缘，一般常称为"金边"、"银边"，如金边大叶黄杨、金边吊兰、金边阔叶麦冬、玉边棣棠等；②中心线斑：斑块分布于叶的中心，常沿中脉分布，常称为"金心"、"银心"，如金心大叶黄杨、银心吊兰；③沿脉线斑：斑块沿叶脉分布，如金脉爵床、金脉美人蕉、金脉忍冬、双线竹芋等。

3）面斑类

斑块呈大块分布，又可分为：①完全面斑：斑块覆盖整个叶面，如金叶女贞、紫叶小檗、紫叶桃、红叶李、金叶假连翘；②不完全面斑：斑块覆盖部分叶面，常称为"花叶"，如花叶胡颓子、花叶马醉木、花叶锦带花等。

（2）多色叶类

叶上具两种或多种颜色的色块。又可分为双重色块与多重色块两种，前者如胡颓子、毛白杨、红背桂等双面叶树种，后者如雁来红、"变色龙"鱼腥草等。

2. 季节色叶类

该类植物仅在生长季中的某个或某段时期呈现绿色以外的其他颜色，依据出现的时期不同又可分为新色叶类与老色叶类。

（1）新色叶类

该类植物新叶颜色美丽可观，在以前的资料中常被称为"春色叶"，但这种称法具有很大的局限性，因为对于绝大多数温带或亚热带树种来说，春季的确是出新叶的时间，但有些原产热带或亚热带的常绿树种出新叶的时间并不固定，一年之内可能会出数次新叶，因此，笔者认为称新色叶更为合理。依据颜色不同还可作进一步划分。

新叶红色类，幼叶呈现红色，如红叶石楠、石楠、樟树、木荷、三叶赤楠、铁力木、荔枝、龙眼、刨花楠、芒果等。

新叶黄色类，幼叶呈现黄色，如石栎、新木姜子、乌药等。

新叶白色类，幼叶呈现白色、乳白色，如马鞍树等。

（2）老色叶类

该类植物即将脱落的老叶颜色鲜艳美观，在以前的资料中常被称为"秋色叶"，但与前一类情况相同，这种说法也有很大的局限性，因为对于绝大多数温带或亚热带树种来说，秋季往往是老叶脱落的时间，但有些原产热带或亚热带的常绿树种换叶的时间并不固定，一年之内可能经常有少量老叶脱落，因此笔者认为称老色叶更为合理。依据颜色不同还可作进一步划分。

老叶红色类：落叶前，叶色变为红色，如槭树类、盐肤木、火炬树、黄栌、枫香、黄连木、乌桕、樟树、杜英等。

老叶黄色类：落叶前，叶色变为红色，如银杏、无患子、白蜡树、金钱松、黄檀、糙叶树、枳椇。

老叶古铜色类：落叶前，叶色变为红色，如水杉、池杉、落羽杉等。

二、彩色植物的分类方法

根据植物体不同部位、不同季节或不同生育期呈现非绿色彩进行分类。根据植物体呈现彩色的不同部位分为色茎类和色叶类。色茎类比较单调，类型不多，色叶类的类型多。根据钱萍、季春峰（2010）的分类方法，本书修改、调整彩色植物分类系统。

（一）色茎类

植株的茎秆表现为非绿色，如黄金间碧玉竹、粉箪竹、红瑞木等。

（二）色叶类

1. 常色叶类

该类植物在其整个生长周期内其叶片都呈现出绿色以外的其他颜色。

（1）单色叶类

叶片上仅具一种绿色以外的色块，这种色块性状和大小差异很大。依据颜色斑块的类型以及分布部位划分为如下若干小类。

点斑类：该类植物叶上斑块呈点状分布，在中文名称中常有"洒金"之称，如洒金榕、洒金蜘蛛抱蛋、洒金桃叶珊瑚等。

边缘线斑类：线状斑块分布于叶的边缘，一般常称为"金边"、"银边"，如金边大叶黄杨、金边吊兰、金边阔叶麦冬、玉边棣棠等。

中心线斑类：线状斑块分布于叶的中心，常沿中脉分布，常称为"金心"、"银心"，如金心大叶黄杨、银心吊兰。

沿脉线斑类：线状斑块沿叶脉分布，如金脉爵床、金脉美人蕉、金脉忍冬等。

团块斑类：斑块覆盖部分叶面，常称为"花叶"，如花叶胡颓子、花叶马醉木、花叶锦带花等。

纯彩类：整个叶面呈现均匀的同色非绿色彩，如金叶女贞、紫叶小檗、紫叶桃、红叶李、金叶假连翘。

（2）多色叶类

叶上具两种或多种非绿色的色块，又可分为双重色块与多重色块两种，前者如胡颓子、毛白杨、红背桂等双面叶树种，后者如雁来红、"变色龙"鱼腥草等。

2. 季色叶类

该类植物仅在生长季中的某个或某段时期呈现绿色以外的其他颜色，依据出现的时期不同又可分为新色叶类与老色叶类。

（1）新色叶类

该类植物新叶颜色美丽可观，包括"春色叶"和其他季节新叶非绿色类型。依据新叶颜色不同还可作进一步划分。新叶红色类，如红叶石楠、石楠、樟树、木荷、三叶赤楠、铁力木、荔枝、龙眼、刨花楠等；新叶黄色类，如石栎、新木姜子、乌药等；新叶白色类，如马鞍树等。

（2）老色叶类

该类植物即将脱落的老叶颜色鲜艳美观，包括"秋色叶"和其他季节老叶呈现非绿色的类型。依据颜色不同还可作进一步划分。老叶红色类，如槭树类、盐肤木、火炬树、黄栌、枫香、黄连木、乌桕、樟树、杜英等；老叶黄色类，如银杏、无患子、白蜡树、金钱松、黄檀、糙叶树、枳椇；老叶古铜色类，如水杉、池杉、落羽杉等。

第二章

季色叶植物重要类群

落羽杉
Taxodium distichum

俗名	科属名称
落杉松	杉科落羽杉属

形态特征 落叶乔木，在原产地高达 50 m，胸径可达 2 m；干基通常膨大，常有屈膝状的呼吸根；幼树树冠圆锥形，老则呈宽圆锥状。叶条形，扁平，基部扭转在小枝上列成二列，羽状，长 1~1.5 cm，宽约 1mm，凋落前变成暗红褐色。雄球花卵圆形，在小枝顶端排列成总状花序状或圆锥花序状。球果球形或卵圆形，径约 2.5 cm，球果 10 月成熟。

应用地域 原产于北美东南部，耐水湿，能生于排水不良的沼泽地上。我国广州、杭州、上海、南京、武汉、庐山及河南鸡公山等地引种栽培，生长良好。

园林应用 树型整齐美观，主干通直，干基形态奇特，秋叶古铜色，是优良的秋色叶树种，适宜于水岸配置，与水形成独特的景观。

相关品种 无。

水杉
Metasequoia glyptostroboides

科属名称
杉科水杉属

形态特征 落叶乔木，高达 35 m，树干通直。叶羽状，小叶条形，长 1.3~2（~3.5）cm，宽 1.5~2 mm，沿中脉有两条较边带稍宽的淡黄色气孔带。果近四棱状球形或矩圆状球形，下垂，幼时绿色，熟时深褐色，长 1.8~2.5 cm，种鳞木质，盾形，通常 11~12 对；花期 2 月，果熟期 11 月。

应用地域 我国仅分布于四川石柱县及湖北利川县一带及湖南龙山及桑植等地，现辽宁以南的广大地区均有种植。

园林应用 水杉树干通直挺拔，树形伟岸，叶色碧绿，入秋后叶色金黄或红褐色，为优良的庭院观赏树种。园林中也可孤植、列植、群植或片植，均可营造出不同特色景观。

相关品种 无。

水杉

金钱松
Pseudolarix amabilis

俗名	科属名称
金松、水松	松科金钱松属

形态特征 落叶乔木，高达 40 m，胸径达 1.5 m；树干通直，树皮粗糙，树冠宽塔形。叶条形，柔软，镰状或直，上部稍宽，长 2~5.5 cm，宽 1.5~4 mm，先端锐尖或尖，长枝之叶辐射伸展，短枝之叶簇状密生，平展成圆盘形。雄球花圆柱状，下垂，长 5~8 mm，雌球花紫红色，直立，椭圆形，长约 1.3 cm，有短梗。球果卵圆形或倒卵圆形，长 6~7.5 cm。花期 4 月，球果 10 月成熟。

应用地域 我国特有树种，产于江苏南部（宜兴）、浙江、安徽南部、福建北部、江西、湖南、湖北利川至四川万县交界地区，庐山、南京等地有栽培。

园林应用 金钱松是世界五大公园树之一，树体高大，树型端庄，树姿优美，秋后叶呈金黄色，颇为美观。可孤植或丛植于池旁溪畔，也可与其他树种配置，相映成辉，也可作庭园树种。

相关品种 无。

落叶松
Larix principis-rupprechtii

俗名	科属名称
华北落叶松、雾灵落叶松	松科落叶松属

形态特征　落叶乔木，高达 30 m，胸径 1 m。叶在长枝上螺旋状散生，在短枝上呈簇生状，倒披针状窄条形扁平。球花单性，雌雄同株，均单生于短枝顶端。苞鳞暗紫色，近带状矩圆形，长 0.8~1.2 cm，基部宽，中上部微窄，先端圆截形，中肋延长成尾状尖头，仅球果基部苞鳞的先端露出；种子斜倒卵状椭圆形，灰白色，长 3~4 mm，径约 2 mm。花期 4~5 月，球果 10 月成熟。

应用地域　我国特产，产于河北、山西。我国北方多栽培。

园林应用　树干挺拔通直，形态优美，枝叶柔软，生长季叶色翠绿，秋季满枝金黄。片植时，有常绿树相衬，以蔚蓝的天空为背景，蔚为壮观美丽。

相关品种　无。

第二章　季色叶植物重要类群

水杉

银杏
Ginkgo biloba

俗名	科属名称
白果树、公孙树、鸭脚子、鸭掌树	银杏科银杏属

形态特征 落叶乔木，高达 40 m，树冠圆锥形至广卵形，枝近轮生。单叶扇形，有多数叉状并列细脉，常 2 裂，基部宽楔形，长枝上螺旋状散生，短枝上常多叶簇生状，秋季叶色亮黄色。球花雌雄异株，簇生状，雄花葇荑花序状下垂。种子近球形，外种皮肉质，熟时黄色或橙黄色，有臭味。花期 3~4 月；果熟期 9~10 月。

应用地域 我国特产，仅浙江天目山有野生分布，现我国各地均有栽培。

园林应用 银杏树形优美，寿命长，叶形奇特，春夏一片嫩绿，秋季金黄可掬，具雄伟、高贵、典雅之感，故为传统的名贵庭院树种。也可列植、群植或片植。

相关品种 无。

银杏

银杏

第一节 裸子植物

荻
Triarrhena sacchariflora

俗名	科属名称
荻草、荻子、霸王剑	禾本科荻属

形态特征 多年生草本，具发达被鳞片的长匍匐根状茎。秆直立，高 1~1.5 m 或更高，直径约 5 mm。叶片扁平，宽线形，长 20~50 cm，宽 5~18 mm，边缘锯齿状粗糙，基部常收缩成柄，顶端长渐尖。圆锥花序疏展成伞房状，长 10~20 cm，宽约 10 cm。颖果长圆形，长 1.5 mm。花、果期 8~10 月。

应用地域 产于我国黑龙江、吉林、辽宁、河北、山西、河南、山东、甘肃及陕西等省。

园林应用 春夏之交，叶色翠绿，秋叶金黄，夏秋季密集的荻花在阳光下随风翻舞，银光耀目，颇为壮观。也具有保持水土之功效，是湿地、湖泊、公园湖岸的优良绿化植物，多大片种植方能突显其壮观之景。

相关品种 无。

荻

荻

荻

荻

芦苇
Phragmites australis

俗名	科属名称
苇、芦、苇子	禾本科芦苇属

形态特征　多年生草本，根状茎十分发达。秆直立，高 1~3 (8) m，直径 1~4 cm。叶片披针状线形，长 30 cm，宽 2 cm，无毛，顶端长渐尖成丝形。大型圆锥花序，长 20~40 cm，宽约 10 cm，分枝多数，长 5~20 cm，着生稠密下垂的小穗。颖果长约 1.5 cm。花、果期 8~11 月。

应用地域　我国南北均有分布栽培。

园林应用　株形高大，抗逆性强，适应范围广，花果序硕大，并具防风、固沙、防治水土流失之功效，是绿化荒滩、湿地、池塘的优良植物。特别是大片种植时，时至秋日，叶色金黄，芦花瑟瑟，秋风中芦花如波浪般起伏，颇为壮观。

相关品种　无。

蒲苇
Cortaderia selloana

科属名称
禾本科蒲苇属

形态特征 多年生，秆高大粗壮，丛生，高 2~3 m。雌雄异株，叶多聚生于基部，极狭，长约 1 m，宽约 2 cm，下垂，边缘具细齿。大型圆锥花序稠密，长 50~100 cm，银白色至粉红色；雌花序较宽大，银白色，具光泽，雄花序较狭窄，宽塔形，疏弱。花期 9~10 月。

应用地域 原产美洲，我国华北、华中、华南、华东及东北地区均可种植。

园林应用 大型银白色花穗，与高大的植株及修长的春夏绿色或秋季金黄色叶片相配，壮观、美丽而雅致。常植于庭院或岸边，也可用作花境，可在观赏草专类园内使用，具有极佳的生态适应性和观赏价值。

相关品种 栽培品种矮蒲苇（'Pumila'），植株高约 120 cm。

蒲苇

蒲苇

柽柳
Tamarix chinensis

俗名	科属名称
三春柳、西湖杨、观音柳、红筋条、红荆条	柽柳科柽柳属

形态特征 乔木或灌木，高3~6(~8) m；老枝直立，幼枝稠密细弱，常开展而下垂。叶鲜绿色，长圆状披针形或长卵形，长1.5~1.8 mm。每年开花2~3次。春季开花：总状花序侧生在去年生木质化的小枝上，长3~6 cm，宽5~7 mm，花大而少，粉红色。夏、秋季开花：总状花序长35 cm，较春生者细，生于当年生幼枝顶端，组成顶生大圆锥花序。蒴果圆锥形，花期4~9月。

应用地域 野生于我国辽宁、河北、河南、山东、江苏（北部）、安徽（北部）等省；栽培于我国东部至西南部各省区。

园林应用 树姿婆娑，枝干苍劲，花穗纤柔，花如红蓼，花期长，宜植于公园、庭院作观赏树，也于水滨、池畔、桥头、河岸、堤防植之。街道公路之沿河流者，其列树如以柽柳植之，则淡烟疏树，绿荫垂条，别具风格。

相关品种 无。

柽柳

山桐子
Idesia polycarpa

俗名	科属名称
椅、水冬瓜、水冬桐、椅树、椅桐、斗霜红	大风子科山桐子属

形态特征 落叶乔木，高 8~21 m；树皮淡灰色，不裂；树冠长圆形。叶薄革质，卵形或心状卵形，长 13~16（~20）cm，宽 12~15 cm，先端渐尖或尾状，基部通常心形，边缘有粗齿，齿尖有腺体，叶柄下部有 2~4 个紫色、扁平腺体。花单性，雌雄异株或杂性，黄绿色，有芳香，花瓣缺，排列成顶生下垂的圆锥花序。浆果成熟期红色，扁圆形，高 3~5 mm，直径 5~7 mm。花期 4~5 月；果熟期 10~11 月。

应用地域 产于我国甘肃南部、陕西南部、山西南部、河南南部、台湾北部和西南三省、中南二省、华东五省、华南二省等 17 个省区。陕西关中地区生长良好。

园林应用 株形优美，枝繁叶茂，花朵繁密而芳香，秋季硕果累累，果色艳丽诱人，配以金黄色的叶片，绚丽多彩，十分宜眼。可孤植或群植作庭院、公园风景树或片植山地、风景区作景观林，也可作行道树。

相关品种 无。

山桐子

山桐子

重阳木
Bischofia polycarpa

俗名	科属名称
乌杨、茄冬树、红桐、水枧木	大戟科秋枫属

形态特征　落叶乔木，高达 15 m，树冠伞形。三出复叶，小叶卵形或椭圆状卵形，长 5~9（14）cm，宽 3~6（9）cm，顶端突尖或短渐尖，基部圆或浅心形，缘具钝齿。花雌雄异株，春季与叶同放，组成总状花序，着生于新枝下部，长 3~13 cm。果实浆果状，圆球形，直径 5~7 mm，成熟时红褐色。花期 4~5 月；果期 10~11 月。

应用地域　分布于我国秦淮线以南至福建和广东的北部。我国南方常见栽培。

园林应用　树姿优美，冠如伞盖，秋叶红艳，是优良的行道树、庭院景观树及公园风景树，也用于堤岸、溪边、湖畔和草坪周围作为点缀树种。

相关品种　无。

| 重阳木

| 重阳木

山麻杆
Alchornea davidii

俗名	科属名称
大叶泡、荷包麻	大戟科山麻杆属

形态特征 落叶灌木，高 3~5 m；嫩枝被毛；老枝褐色。叶纸质，阔卵形或近圆形，长 8~15 cm，宽 9~14 cm，先端短尖，基部心形或近心形，叶缘有粗齿；基出 3 脉。花雌雄异株，雄花序穗状，有花 5~6 朵，雌花序呈顶生总状花序，有花 4~7 朵；花期 4~5 月。蒴果近球形，有 3 圆棱，种子淡褐色；果期 6~8 月。

应用地域 分布于我国中部、西南部及陕西秦岭南坡；生于海拔 300~800 m 的河谷、灌丛中。我国南方多见栽培，北方陕西、河南也有。

园林应用 春季嫩叶红色或紫红色，簇簇点缀枝头，若夏季追肥以氮肥为主，可促秋叶更为红艳。既可孤植，亦可因地制宜而丛植或列植。栽植地以花坛、路旁、池畔或向阳山坡为佳。

相关品种 无。

山麻杆雌花

山麻杆春叶

山麻杆雄花

山麻杆果

乌桕
Sapium sebiferum

俗名	科属名称
乌杻、桴子树、桕树、木蜡树、蜡烛树	大戟科乌桕属

形态特征 落叶乔木，高达 15 m。叶纸质互生，菱状广卵形，全缘，长 3~7 cm，秋变红色或橙色。花单性，雌雄同株，总状花序顶生，长 6~12 cm，雌花着生于花序基部，雄花黄绿色，花期 6~7 月。蒴果径 1~1.5 cm；果期 10~11 月。

应用地域 分布于我国陕西、河南、山东及其以南地区。西北地区的陕西、甘肃为适生区。

园林应用 乌桕秋叶红似丹枫，绚丽诱人。宜配植草坪中央或边缘、混植林内，红绿相间，甚是美观。若片植，则秋日有"霜叶红于二月花"之效；乌桕对二氧化硫、氟化氢抗性强。但因花粉有害，不宜植于井边或鱼池旁。

相关品种 无。

乌桕花

乌桕果

刺槐
Robinia pseudoacacia

俗名	科属名称
洋槐	豆科刺槐属

形态特征　落叶乔木，高 10~25 m，枝具托叶刺。奇数羽状复叶，长 10~25（~40）cm，小叶椭圆形，7~19 枚，先端钝或微凹，有小尖头，基部圆至阔楔形，全缘。总状花序腋生，长 10~20 cm，下垂，花多数，白色，有芳香。荚果褐色，线状长圆形，长 5~12 cm，扁平。花期 5 月，果熟期 9~10 月。

应用地域　原产于北美。我国各地普遍栽种。

园林应用　树形高大，花洁白清香，秋叶亮黄。可作城市行道树、庭荫树；具有吸烟尘及有害气体的作用，可作厂矿环境绿化的树种；也是优良的固沙保土植物及蜜源植物。

相关品种　红花槐（f. *inermis*），系刺槐变型，全株无刺，花紫红色。

刺槐　刺槐　刺槐

红花槐　红花槐　红花槐

刺槐　刺槐

第三节　被子植物——双子叶植物

毛洋槐
Robinia hispida

俗名	科属名称
毛刺槐、江南槐	豆科刺槐属

形态特征　落叶灌木或小乔木，高 2~3 m；幼枝密被紫红色硬腺毛及白色曲柔毛，二年生枝密被褪色刚毛。羽状复叶长 15~30 cm，小叶 7~13 枚，广椭圆形或近圆形，长 1.8~5 cm。总状花序腋生，除花冠外，均被紫红色腺毛及白色细柔毛，花 3~8 朵，花冠红色至玫红色，长约 2 cm，宽约 3 cm。荚果线形，长 5~8 cm，宽 8~12 mm，扁平。花期 5~6 月；果期 7~10 月。

应用地域　原产于北美洲。我国南北普遍栽种，生长良好。

园林应用　花大色艳，枝毛奇特，秋叶黄亮，具有很强的抗盐碱能力。宜作庭院风景树。

相关品种　无。

国槐
Sophora japonica

俗名	科属名称
槐、守宫槐、槐花木、槐花树、豆槐	豆科槐属

形态特征 落叶乔木，高 25 m。奇数羽状复叶，长达 25 cm，小叶 7~17 枚，对生或近互生，卵状披针形或卵状长圆形，长 2.5~6 cm，宽 1.5~3 cm，先端渐尖，基部宽楔形或近圆形。圆锥花序顶生，长达 30 cm，花淡黄绿色，具芳香。荚果串珠状，长 2.5~5 cm 或稍长，径约 1 cm。花期 7~8 月。果熟期 9~10 月。

应用地域 原产于我国，现全国各地广泛栽培，华北和西北尤为多见。

园林应用 冠形优美，冠阔枝密，秋叶亮黄色，是优良的庭荫树和行道树，也是工矿区的绿化树种。

相关品种 变种有龙爪槐（var. *pendula*），枝条弯曲下垂，树冠呈伞状。五叶槐（var. *oligophylla*），小叶 3~5 枚簇生于叶轴先端，叶叶相连，形似蝴蝶，亦名蝴蝶槐。

国槐花

国槐果

国槐

五叶槐

国槐

国槐

龙爪槐花

龙爪槐花

龙爪槐

五叶槐

紫藤
Wisteria sinensis

俗名	科属名称
紫藤萝、藤萝、朱藤	豆科紫藤属

形态特征 大型落叶藤本，茎枝为左旋形，长达 10 m。一回奇数羽状复叶互生，长 15~25 cm，小叶 7~13 枚，卵状长圆形至卵状披针形，长 5~8 cm，宽 2~4 cm，先端长渐尖或尾尖，基部钝圆或楔形。侧生总状花序长 15~30 cm，花冠紫色，芳香。荚果倒披针形，长 10~15 cm，宽 1.5~2 cm。花期 4~5 月；果熟 8~9 月。

应用地域 原产于河北以南黄河长江流域及陕西、广西、贵州、云南等省区，现全国各地均有栽培。

园林应用 茎蔓蜿蜒扭曲，花序繁密，串串"紫葡萄"悬挂于绿叶藤蔓之间，秋叶亮黄色，极为美观。常用于庭院中装饰藤架、回廊、门廊等。

相关品种 无。

紫藤花

紫藤果

异叶椴
Tilia heterophylla

俗名	科属名称
白椴、美洲椴	椴树科椴树属

形态特征 落叶乔木或小乔木，高可达 27 m，胸径 90 cm。叶面光滑，叶基形状多变，叶背具银色长毡毛，缘具细锯齿，长 7~19 cm，宽 6~14 cm。聚伞花序具小花 10~24 朵。果实球形，直径约 13 mm，具柔毛，基部具果苞。

应用地域 原产于北美洲，我国东部大多数地区适宜种植。

园林应用 树型高大，枝叶茂密，秋叶亮黄色或红棕色，甚为美观。宜于孤植，或片植用做庭院浓荫树、草坪树或风景区景观树。

相关品种 无。

第三节 被子植物——双子叶植物

弗吉尼亚鼠刺
Itea virginica

科属名称
虎耳草科鼠刺属

形态特征 落叶或半常绿直立灌木，高 12~15 cm。嫩枝淡棕色或绿色，老枝灰棕色，单叶，椭圆形或倒卵形，缘具锯齿，长 4~10 cm，秋叶色彩绚丽多变，彩叶期长。弓形总状花序，常下垂，长 10~18 cm，花小，长 7~12 mm，白色，芳香。蒴果，花期 6 月。

应用地域 原产于北美洲，我国温带、亚热带多数地区均可种植。

园林应用 3 月初萌发，生长迅速，枝叶稠密，适应性及分蘖能力均强；花香宜人，初秋叶色随即变为黄色、橙红色或深紫红色，彩叶期长，是优秀的观花观叶小灌木。适宜片植、群植或基础种植，组成色带色块，或修剪成矮篱，效果均佳。

相关品种 无。

第一章 季色叶植物重要类群

白桦
Betula platyphylla

俗名	科属名称
粉桦、桦皮树	桦木科桦木属

形态特征　高大乔木，高可达 27 m；树皮灰白色，成层剥裂。叶三角状卵形、三角状菱形、三角形，长 3~9 cm，宽 2~ 7.5 cm，顶端锐尖、渐尖至尾状渐尖，基部截形或楔形，边缘具重锯齿。果序单生，圆柱形，常下垂，长 2~5 cm，直径 6~14 mm。坚果两侧具宽翅，矩圆形或卵形，长 1.5 ~3 mm。花期 5~6 月；果熟 8~10 月。

应用地域　产于东北、华北、河南、陕西、宁夏、甘肃、青海、四川、云南、西藏东南部。我国北方多见栽培。

园林应用　姿态优美，树干洁白，挺拔雅致，秋叶金黄，可配植于庭院，片植于广场、公园之草坪、池畔、湖滨或园林坡地均为美观。

相关品种　同属植物红桦（*B. albo-sinensis*），树皮紫红色，有光泽，薄层状剥落。

白桦

白桦

红桦

白桦

红桦

红桦

白桦

红桦

第三节 被子植物——双子叶植物

白桦

白桦

白桦

白桦

白桦

白桦

白桦

枫香
Liquidambar formosana

俗名	科属名称
枫树	金缕梅科枫香属

形态特征 落叶乔木，高达 30 m，树皮灰褐色，方块状剥落。叶薄革质，阔卵形，掌状 3 裂，罕 5 裂，长 6~12 cm，宽 9~17 cm，中央裂片较长，先端尾状渐尖，基部心形，掌状脉 3~5 条，缘具锯齿。雄花序短穗状，常多个排成总状，雄蕊多数，花丝不等长，雌花序头状，有花 24~43 朵。头状果序圆球形，径 3~4 cm。花期 4~5 月；果熟期 10 月。

应用地域 分布于我国秦岭及淮河以南各省，北起河南、山东，东至台湾，西至四川、云南及西藏，南至广东。

园林应用 枫香叶色相季变化明显，春季嫩叶紫红色，秋季叶色变为黄、红、橙及紫红色，可谓绚丽多彩，是我国南方地区优良的观叶树种。孤植、群植、列植、片植均可，特别是以常绿树种为背景配置，更能衬托其叶色之美，各种园林场所均可应用。

相关品种 同属植物北美枫香（*L. styraciflua*）叶片 5~7 裂。

枫香

山白树
Sinowilsonia henryi

科属名称
金缕梅科山白树属

形态特征 落叶灌木或小乔木，高达 8 m。小枝具星状短柔毛，略有皮孔。叶倒卵形或椭圆形，长 10~15 cm。先端急尖或短渐尖，基部微心形或圆形，缘具细齿。雄葇荑花序长 4~6 cm，雌总状花序长 1.5~3 cm。蒴果长约 1 cm，具短喙。花期 5 月；果熟期 10 月。

应用地域 分布于我国湖北、四川、河南、陕西及甘肃等省。

园林应用 绿叶婆娑，花序婉垂，风过树动，绿意盎然，是优美的园林观赏树种。栽培于风景林区及公园湖畔，可美化环境，保持水土。

相关品种 无。

山白树雄花序　　山白树果序　　山白树

山白树　　山白树

银缕梅
Shaniodendron subaequale

俗名	科属名称
单氏木	金缕梅科银缕梅属

形态特征 落叶乔木，高达 8 m。树干扭曲，树皮呈不规则薄片状剥落。单叶互生；纸质，阔倒卵形，先端钝，基部圆形、截形或微心形，边缘中部以上有钝锯齿，两面及叶柄均有星状毛。头状花序腋生或顶生，花小，两性，先叶开放，无花瓣，雄蕊具细长下垂花丝。蒴果近圆形，密被星状毛。花期 4 月；果期 9~10 月。

应用地域 产于我国浙江、江苏、安徽。西安露地生长良好。

园林应用 银缕梅为国家一级保护植物，树姿古朴，干形苍劲，秋叶黄色、橙色、红色或紫红色，季相变化明显，是优良的观花观叶树种。可孤植、群植、片植于庭院、公园等地。

相关品种 无。

银缕梅

银缕梅花序

银缕梅

木槿
Hibiscus syriacus

俗名	科属名称
朝开暮落花、木棉、荆条、喇叭花	锦葵科木槿属

形态特征 落叶灌木或小乔木，高 3~4 m。叶菱形至三角状卵形，长 3~10 cm，宽 2~4 cm，具深浅不同的 3 裂或不裂，先端钝，基部楔形，边缘具不整齐齿缺。花单生于枝端叶腋间，花钟形，淡紫色，有粉红、红、白色等及重瓣变种和品种，直径 5~6 cm，花瓣倒卵形，长 3.5~4.5 cm。果卵圆形，直径约 12 mm，被黄色星状绒毛，花期 7~10 月；果期 9~10 月。

应用地域 原产于我国中部各省。从辽宁以南到广东及西北五省区均有栽培。

园林应用 花开盛夏，花繁色艳，花型花色繁多，花期长，是优良的木本夏花植物。常丛植或列植，布置在花坛边缘、林缘、水滨及建筑物侧隅，或作花篱。

相关品种 无。

幼果

槲栎
Quercus aliena

俗名	科属名称
大叶青冈、橡树、白栎、虎朴	壳斗科栎属

形态特征 落叶乔木，高达 20 m；树皮暗灰色，深纵裂；老枝暗紫色；幼枝黄褐色。叶近革质，倒卵状椭圆形或长圆形，长 10~20 cm，宽 5~13 cm，先端渐尖或钝，基部楔形或近心形；侧脉 11~18 对。花单性，雌雄同株，雄花单生或数朵簇生于花序轴，雌花序生于新枝叶腋，单生或 2~3 朵簇生；花期 4~5 月。坚果椭圆形至卵形；果期 9~10 月。

应用地域 产于我国西北、东北、华北、西南、华中及华东的部分省区。

园林应用 树冠开阔，叶大枝密，浓荫葱郁，秋叶橙黄，多用作公园的风景林或自然风景区的山坡绿化。

相关品种 本种变种锐齿栎（var. *acuteserrata*），叶较狭，锯齿锐尖且内曲。

槲栎　　槲栎　　槲栎
锐刺栎　　锐刺栎　　锐刺栎

锐刺栎

锐刺栎

锐刺栎

锐刺栎

锐刺栎

栓皮栎
Quercus variabilis

俗名	科属名称
青杠碗、软木栎、粗皮栎、白麻栎	壳斗科栎属

形态特征　落叶乔木，高达 30 m；树皮深灰色，深纵裂，栓皮层极厚；小枝淡黄褐色。叶互生，长圆状披针形或长椭圆形，长 8~17 cm，宽 3~6 cm，先端渐尖，基部广楔形、圆形或近心形，叶缘有刚毛状锯齿；侧脉每边 13~18 条。雄花序穗状，下垂，常数穗簇生，雌花单生或 2 朵簇生；花期 4 月上旬。坚果球形或卵圆形；果期次年 9~10 月。

应用地域　广布种，自辽宁、山西、甘肃至云南、广东、台湾皆有分布，而我国中部地区为分布中心。垂直分布可达海拔 3 000 m。

园林应用　树势雄伟，树冠开展，绿荫浓郁，秋叶黄褐色，树皮因有发达栓皮层而得名。可孤植于园林开阔处，观其高大舒展之雄姿；亦可与其它树种配置于风景林，赏其季相变化之美色。

相关品种　无。

夏栎
Quercus robur

俗名	科属名称
英国栎、夏橡、欧洲有柄橡木、长柄栎	壳斗科栎属

形态特征 落叶乔木，高可达 40 m，树冠宽展；树皮灰黑色，纵裂；小枝灰棕色。叶片长倒卵形或倒卵状椭圆形，长 6~20 cm，宽 3~8 cm，叶缘有 4~7 对圆钝锯齿，叶面淡绿色，叶背粉绿色；侧脉每边 6~9 条。果序纤细，长 4~10 cm，着生果实 2~4 个，壳斗钟形，坚果当年成熟，卵形或椭圆形；果期 9~10 月。

应用地域 原产于欧洲的大部分地区，从安纳托利亚到高加索以及北非部分地区。20 世纪初引入我国，至今许多北方城市的植物园和公园都有栽培。

园林应用 株高冠阔，枝叶茂密，生长速度快，适应性强。国外培育有金叶、紫叶、垂枝等栽培品种，具有很高的观赏性。我国多见用作庭荫树，也是北方地区十分珍贵的、有发展前景的行道树。

相关品种 同属植物辽东栎（*Q. liaotungensis*），叶柄极短，叶缘具 5–7 对圆齿；短柄枹栎（*Q. glandulifera* var. *brevipetiolata*）叶缘具粗而有腺的锯齿。

短柄枹栎

夏栎

短柄枹栎

夏栎

短柄枹栎

辽东栎

辽东栎

辽东栎

辽东栎

辽东栎

辽东栎

夏栋

辽东栋

猩红栎
Quercus coccinea

科属名称
壳斗科栎属

形态特征 落叶乔木，高达 20~30 m；树枝开展，树冠宽圆形，树皮灰黑色，幼枝灰棕色。单叶互生，卵圆形至椭圆形，亮绿色，长 7~17 cm，宽 8~13 cm，深裂，裂片 7，每个裂片有 3~7 个齿，叶面无毛，叶背的叶腋处有簇毛，秋季叶赤褐色或猩红色。雌雄同株，雄花荑葇花序，下垂，花黄绿色；雌花簇生成短穗状。坚果卵圆形，在授粉 18 个月后成熟，长 7~13 mm，成熟后由绿色转为棕色。

应用地域 原产美国东部的缅因州、俄克拉荷马州、阿拉巴马州和加拿大的安大略湖，性喜干燥、疏松及酸性土壤。我国辽宁、四川、湖南、安徽、江苏等地有栽培。

园林应用 因其猩红色的秋叶而成为世界著名的观赏植物。通常孤植用作庭阴树或草坪树，也可配置在园林坡地或建筑物旁。

相关品种 无。

多花蓝果树
Nyssa sylvitica

俗名	科属名称
黑蓝果树	蓝果树科蓝果树属

形态特征 高大落叶乔木，高 20~25 m，树冠卵形，树干通直，直角分枝。单叶互生，上面光滑，稍具波状，叶形尺寸多变，卵形、椭圆形或倒卵形，基部楔形或圆形，稍偏斜，顶端短锐尖，长 5~12 cm。聚伞总状花序，花小，黄绿色，芳香。核果蓝黑色，细长，长 10 mm。花期 5~6 月；果期 10 月。

应用地域 原产于北美洲，我国有引种，温带、亚热带多数地区适宜种植。

园林应用 树形高大，树干通直，枝叶茂密，秋叶黄色、紫红色、猩红色甚为美观。宜于孤植、片植或列植用做庭院浓荫树，草坪树、行道树或风景区景观树。

相关品种 无。

喜树
Camptotheca acuminata

俗名	科属名称
旱莲木，千丈树	蓝果树科喜树属

形态特征 落叶乔木，高达 20 余米；树干挺直，树皮灰色或淡灰色。叶互生，纸质，卵状椭圆形或长圆形，长 12~26 cm，宽 6~12 cm，先端渐尖，基部圆形，全缘或微波状。头状花序近球形，由 2~9 个头状花序组成圆锥花序，顶生或腋生，通常上部为雌花序，下部为雄花序，花杂性，同株，花瓣 5，淡绿色；花期 5~7 月。翅果长圆形；果期 9 月。

应用地域 分布于长江流域及其以南地区，生于海拔 1 000 米以下的山地、林缘、溪岸。我国南方广泛栽培，北方陕西、山东、河南等地也有栽培。

园林应用 树形高耸挺直，树冠宽展，叶荫浓郁，生长迅速，可作庭园观赏树、行道树，或营造生态风景林。

相关品种 无。

喜树之果

喜树之花

连香树
Cercidiphyllum japonicum

俗名	科属名称
五君树、山白果	连香树科连香树属

形态特征　高大落叶乔木，高达 40 m。树皮灰色，粗糙并沟裂。单叶对生，圆卵形或卵形，纸质，长 3~7 cm，宽 4~8 cm，缘具有腺圆齿。花腋生或着生短枝上，花径 2~3 cm，花期 4~5 月。蓇葖果线形，种子具翅，长 2 mm，9~10 月成熟。

应用地域　分布于我国四川、湖北、陕西等省。西北地区的陕西南部、甘肃南部为其适生区。

园林应用　树形伟岸，叶丛美丽，初展暗紫色，秋季变为鲜黄或鲜红色，可作庭园浓荫树、彩叶树。

相关品种　无。

苦楝
Melia azedarach

俗名	科属名称
楝、楝树、紫花树、森树	楝科楝属

形态特征　落叶乔木，高达 10 余米。2~3 回奇数羽状复叶，长 20~40 cm，小叶对生，卵形或卵状长椭圆形，长 3~7 cm，宽 2~3 cm，先端短渐尖，缘具钝锯齿。圆锥形复伞状花序，与叶等长，花淡紫色，芳香，花瓣倒卵状匙形，长约 1 cm。核果球形至椭圆形，长 1~2 cm，宽 8~15 mm。花期 4~5 月；果期 10~11 月。

应用地域　主要分布于我国黄河中下游以南至华南各地。现全国已广泛栽培。

园林应用　枝叶清秀，树冠优美，春花色雅，秋叶黄亮。常用作行道树、公园风景树等，抗烟尘及二氧化硫有毒气体，生长快，也是工矿区、农村四旁绿化的常用树种。

相关品种　无。

花序

果序

香椿
Toona sinensis

俗名	科属名称
椿、春阳树、春甜树、椿芽树、毛椿	楝科香椿属

形态特征　落叶乔木，高 25 m。偶数羽状复叶，长 30~50 cm，小叶 10~20 枚，对生或互生，卵状披针形或卵状长椭圆形，长 9~15 cm，宽 2.5~4 cm，先端尾尖，基部不对称，全缘。圆锥花序与叶等长或更长，花白色，芳香。蒴果狭椭圆形，长 2~3.5 cm，深褐色。花期 5~6 月；果期 9~10 月。

应用地域　原产于我国华北、华东、中部、南部和西南部各省区。辽宁以南各省广泛栽培。

园林应用　春季幼叶紫红色，芳香可食，秋叶金黄色。是优良的四旁绿化树种，北方城市、乡镇及村舍附近普遍栽培。

相关品种　无。

香椿

香椿

香椿的花枝

香椿的果枝

香椿

领春木
Euptelea pleiosperma

俗名	科属名称
云叶树、少子云叶、正心木、水桃	领春木科领春木属

形态特征 落叶小乔木或灌木，高 2~15 m，树皮暗紫色或棕灰色。单叶互生，叶纸质，卵形或近圆形，长 5~14 cm，宽 3~9 cm，先端渐尖，有一突生尾尖，基部楔形，边缘具疏生锯齿。花丛生，花药红色，簇生叶腋，先叶开放。翅果棕色，长 5~10 mm。花期 4~5 月；果期 7~10 月。

应用地域 分布于我国亚热带至暖温带的广大地区，甘肃、陕西有产。

园林应用 早春开花吐蕊，红艳欲滴，花后幼叶紫红。随着叶色转绿，紫红幼果舞动其中，煞是可爱。适宜孤植或丛植，应用于庭院、公园、街心绿地等处。

相关品种 无。

雌花序

果序

雄花序

果序

领春木

海州常山
Clerodendrum trichotomum

形态特征　落叶灌木或小乔木，高达 5 m。单叶对生，卵形或椭圆形，顶端渐尖，基部宽楔形至截形，长 8~11 cm。聚伞花序顶生或腋生，通常二歧分枝，花序长 8~18 cm，花白色或淡红色，径约 2 cm，萼紫红色，宿存，花期 8~10 月。核果蓝紫色，6~8 mm，9~11 月成熟。

应用地域　产于我国华东、华中、西北及东北地区。

园林应用　花形奇特，具芳香味，花期长，紫红色萼片宿存，与蓝紫色果实相配，甚是美观。可孤植或丛植于庭院，或用于路边花篱。

相关品种　无。

果序

鹅掌楸
Liriodendron chinense

俗名	科属名称
马褂木、双飘树	木兰科鹅掌楸属

形态特征 落叶大乔木，高达 40 m，胸径可达 1 m 以上；树皮灰色，纵裂。叶马褂状，长 12~18 cm，两侧近基部各有 1 裂片，先端平截或微凹，叶面深绿色，叶背苍白色。花两性，杯状，花被片 9，外轮 3 片绿色，萼片状，内两轮 6 片，绿色，具黄色纵条纹；花期 5 月。聚合果纺锤形；果期 9~10 月。

应用地域 原产于我国，陕西南部、长江流域及以南部分省区有分布。

园林应用 国家二级重点保护植物。树形挺拔雄伟，叶形独具特色，花姿宛若莲座，绿荫浓郁匝地，是稀有珍贵的行道树和庭荫树。

相关品种 同属种：北美鹅掌楸（*L. tulipifera*），叶近基部每侧有 2 裂片。杂交鹅掌楸（*L. tulipifera* × *L. chinensis*），系鹅掌楸与北美鹅掌楸的杂交种，杂种优势明显。

北美鹅掌楸

杂交鹅掌楸

杂交鹅掌楸

鹅掌楸

鹅掌楸

杂交鹅掌楸

杂交鹅掌楸

杂交鹅掌楸

杂交鹅掌楸

第三节 被子植物——双子叶植物

杂交鹅掌楸

玉兰
Magnolia denudata

俗名	科属名称
木兰、玉堂春、白玉兰、应春花	木兰科木兰属

形态特征 落叶乔木，高达 25m，胸径可达 1 m，树冠宽阔，树皮灰色，粗糙；枝及芽具短柔毛。叶纸质，倒卵形、倒卵状椭圆形或倒卵状长圆形，长 10~15（18） cm，宽 6~10 cm。花蕾卵圆形；花先叶开放，花被片 9，白色，有时基部带有粉红色或紫红色，有香气；花期 3 月。蓇葖果厚木质，红褐色；果期 9 月。

应用地域 产于我国江西、浙江、湖南、贵州等省区，多生于海拔 500~1 000 m 的山林中。我国已有 2 500 余年的栽培历史，栽培区域广泛。

园林应用 早春先花后叶，花大而美丽，如只只灯盏悬挂枝端。仲秋时节，聚合果开裂露出深红色的外种皮。多用于公园、庭园、风景区、机关单位作观赏树和庭荫树，也可作行道树栽培。

相关品种 同属种：紫玉兰（*M. liliflora*）落叶灌木，花被片 9~12，花紫色或紫红色。二乔玉兰（*M. soulangeana*）落叶小乔木或灌木。花瓣外面淡紫红色，内面白色。望春玉兰（*M. biondii*）花被片 6，白色，外边基部带紫红色。武当木兰（*M. sprengeri*）花被片 12~15，外部玫红色，内部白色。园艺品种玉灯（'Yu Deng'）花朵似灯盏。

玉兰　　玉兰　　玉兰　　玉兰

武当木兰　　二乔玉兰

玉灯　　望春玉兰　　红脉二乔玉兰　　红霞玉兰

玉兰

玉兰

武当木兰

玉兰

玉兰

木棉
Bombax malabaricum

俗名	科属名称
红棉、英雄树、攀枝花、斑芝棉、斑芝树、攀枝	木棉科木棉属

形态特征 落叶大乔木，高可达 25 m，树皮灰白色。掌状复叶，小叶 5~7 片，长圆形至长圆状披针形，长 10~16 cm，宽 3.5~5.5 cm，顶端渐尖，基部阔或渐狭，全缘。花单生枝顶叶腋，红色或橙红色，直径约 10 cm。蒴果长圆形，长 10~15 cm，粗 4.5~5 cm，密被灰白色长柔毛和星状柔毛。花期 3~4 月；夏季果熟。

应用地域 产于我国云南、四川、贵州、广西、江西、广东、福建、台湾等省区亚热带。

园林应用 树姿巍峨，花朵大，色彩艳丽，先叶开放，可用作庭园观赏树或行道树。秋叶浅黄色。

相关品种 无。

木棉

木棉

木棉

美国红梣
Fraxinus pennsylvanica

俗名	科属名称
毛白蜡、洋白蜡	木犀科梣属

形态特征 落叶乔木，高 10~20 m。羽状复叶长 18~44 cm，小叶圆状披针形、狭卵形或椭圆形，长 4~13 cm，宽 2~8 cm。圆锥花序生于去年生枝上，长 5~20 cm。翅果狭倒披针形，长 3~5（~7）cm，宽 0.4~0.7（~1.2）cm，翅下延近坚果中部，宽约 2 mm，脉棱明显。花期 4~5 月；果熟期 9~10 月。

应用地域 原产于美国东海岸至落基山脉一带，我国引种栽培已久，分布遍及全国各地。

园林应用 树姿优美，树干通直，枝叶茂密，秋叶亮黄，是良好的行道树和庭荫树。

相关品种 无。

紫丁香
Syringa oblata

俗名	科属名称
华北紫丁香	木犀科丁香属

形态特征 灌木或小乔木，高可达 5 m。叶片革质或厚纸质，卵圆形至肾形，宽常大于长，长 2~14 cm，宽 2~15 cm，先端短凸尖至长渐尖或锐尖，基部心形、截形至近圆形，或宽楔形，叶柄长 1~3cm。圆锥花序直立，由侧芽抽生，近球形或长圆形，长 4~16（~20）cm，宽 3~7（~10）cm，花冠紫色。果倒卵状椭圆形、卵形至长椭圆形，长 1~1.5（~2）cm，宽 4~8 mm。花期 4~5 月；果期 6~10 月。

应用地域 产于我国东北、华北、西北（除新疆）以至西南达四川西北部（松潘、南坪）。长江以北各庭园普遍栽培。

园林应用 枝条舒展，叶形秀美，花色淡雅芳香，秋叶常变为黄色、紫红色等，是著名的庭院花木，现代园林中也常群植于草坪或作道路分车带材料。

相关品种 无。

连翘
Forsythia suspensa

俗名	科属名称
黄花杆、黄寿丹	木犀科连翘属

形态特征 落叶灌木，株高 2~3 m，冠幅可达 4 m。枝开展或下垂，略呈四棱形，髓中空。单叶或 3 裂至三出复叶，对生，卵形或长圆状卵形，长 3~5 cm。花 1~3 簇生叶腋，金黄色，瓣四裂，长约 2.5 cm，花期 3~4 月。蒴果狭卵形，长约 1.5 cm；果熟期 9~10 月。

应用地域 原产于我国北部和中部。我国北方绝大部分地区为其适生区。

园林应用 早春黄花满枝，艳丽可爱，是优良的传统早春观花灌木，秋季叶色亮黄。孤植或丛植于草坪、角隅、路缘、阶前等。

相关品种 同属植物金钟花（*F. viridissima*），枝髓片状，花深黄色，先连翘数日开放；前二者的杂交种金钟连翘（*Forsythia intermedia*），半常绿灌木，花杏黄色，瓣阔，秋叶色彩斑斓，园林中应用极为广泛。

金钟连翘

金钟连翘

金钟连翘

连翘

金钟连翘

金钟连翘

金

金钟连翘

连翘

金钟连翘

金钟连翘

爬山虎
Parthenocissus tricuspidata

俗名	科属名称
地锦、红葡萄藤、趴墙虎、土鼓藤	葡萄科地锦属

形态特征 落叶木质藤本。卷须顶端嫩时膨大呈圆珠形，后遇附着物扩大成吸盘。单叶，通常着生在短枝上为 3 浅裂，时有着生在长枝上者小型不裂，倒卵圆形，长 4.5~17 cm，宽 4~16 cm，顶端裂片急尖，基部心形，边缘有粗锯齿。多歧聚伞花序着生于短枝上，长 2.5~12.5 cm，花淡黄绿色。果实球形，熟时粉蓝黑色，直径 1~1.5 cm。花期 5~8 月；果期 9~10 月。

应用地域 原产于我国南北各地。应用广泛。

园林应用 春季嫩叶紫红色，后转绿，夏季茎叶茂密，秋叶渐变为黄色、橙色、红色、紫红色等，色彩斑斓；吸盘攀爬能力极强，是房屋墙面、围墙、庭园入口处、公园山石等垂直绿化的理想材料。

相关品种 无。

果序

五叶地锦
Parthenocissus quinquefolia

俗名	科属名称
五叶爬山虎	葡萄科地锦属

形态特征 落叶木质藤本。卷须顶端嫩时尖细卷曲，后遇附着物扩大成吸盘。叶为掌状5小叶，小叶倒卵圆形或倒卵椭圆形，长5.5~15 cm，宽3~9 cm，顶端短尾尖，基部楔形或阔楔形，边缘有粗锯齿。圆锥状多歧聚伞花序假顶生，长8~20 cm；花黄绿色。果实球形，直径1~1.2 cm，熟时蓝黑色。花期6~7月；果期8~10月。

应用地域 原产于北美。现我国各地广泛栽培。

园林应用 枝叶繁茂，叶形美丽，入秋后叶色渐变为黄色、橙色、红色或紫红色，是优良的垂直绿化材料，可种植于墙面、门廊、廊架等处，也可用于公路护坡绿化。

相关品种 无。

五叶地锦果序

七叶树
Aesculus chinensis

俗名	科属名称
天师栗、梭椤树、梭椤子	七叶树科七叶树属

形态特征 落叶乔木，高达 25 m。掌状复叶，叶柄长 10~12 cm，小叶 5~7，长圆披针形至长圆倒披针形，基部楔形或阔楔形，边缘有钝尖形的细锯齿，小叶长 8~16 cm，宽 3~5cm。圆锥花序圆筒状，长 20~25 cm，小花长 2~2.5 cm，花瓣 4，白色。果实球形或倒卵圆形，直径 3~4 cm，黄褐色，无刺，具很密的斑点。花期 4~5 月；果期 10 月。

应用地域 我国河北南部、山西南部、河南北部、陕西南部均有栽培，仅秦岭有野生。

园林应用 树形优美、冠大荫浓，叶形奇特，春叶红色或暗红色，秋叶金黄色、橙色或红色，初夏繁花满树，大型直立的白色花序又似一盏盏华丽的烛台，壮观美丽，为世界著名的观赏树种之一。可列植道路两侧作行道树，或在公园、庭院内作风景树、庭荫树。七叶树与佛教有着很深的渊源，很多古刹名寺如杭州灵隐寺、北京卧佛寺、大觉寺中都有千年以上的七叶树。

相关品种 无。

七叶树花序

七叶树春叶

复叶槭
Acer negundo

俗名	科属名称
梣叶槭、美国槭、白蜡槭	槭树科槭树属

形态特征 落叶乔木，高达 20 m。树皮黄褐色或灰褐色。羽状复叶，长 10~25 cm，具 3~7(稀 9) 枚小叶；小叶卵形或椭圆状披针形，长 8~10 cm，宽 2~4 cm，先端渐尖，基部阔楔形，缘常具 3~5 个粗锯齿，稀全缘。雄花的花序聚伞状，雌花的花序总状，均侧生，花黄绿色，翅果宽 8~10 cm，张开成锐角或近于直角。花期 4~5 月；果期 9 月。

应用地域 原产于北美洲。我国北方各省均有栽种。

园林应用 生长速度快，枝叶茂盛，夏季果串长垂，随风摇曳于绿叶之中，别有风趣，秋叶变色统一，金黄色或橙红色，蔚为壮观，是优良的庭院及行道风景树。

相关品种 无。

雄花序

果序

鸡爪槭
Acer palmatum

俗名	科属名称
鸡爪枫	槭树科槭树属

形态特征 落叶小乔木。当年生枝紫色或淡紫绿色；多年生枝淡灰紫色或深紫色。单叶对生，圆形，直径 7~10 cm，基部心形，5~9 掌状分裂，通常 7 裂，裂片边缘具紧贴的尖锐锯齿。伞房花序，花紫红色，杂性。翅果嫩时紫红色，成熟时淡棕黄色，翅与小坚果共长 2~2.5 cm，张开近水平。花期 5 月；果期 9 月。

应用地域 产于我国山东、河南南部、江苏、浙江、安徽、江西、湖北、湖南、贵州等省。

园林应用 树冠广阔优雅，春观紫红色嫩叶，夏观紫红色幼果与绿叶相配，秋观彩叶色，红、黄、橙、紫、紫红色，五彩似霞，是著名的秋色树种。草坪、溪边、池畔、廊亭及山石间均可孤植、片植，若以常绿树或白墙为背景，则更能衬托出其色彩多姿。

相关品种 本种园艺品种羽毛枫('Dissecrum')又称为紫红叶鸡爪槭，落叶灌木，叶片细裂，春季嫩叶鲜红色，秋叶黄色、橙红色至红色。

羽毛枫

鸡爪槭

鸡爪槭

鸡爪槭

羽毛枫

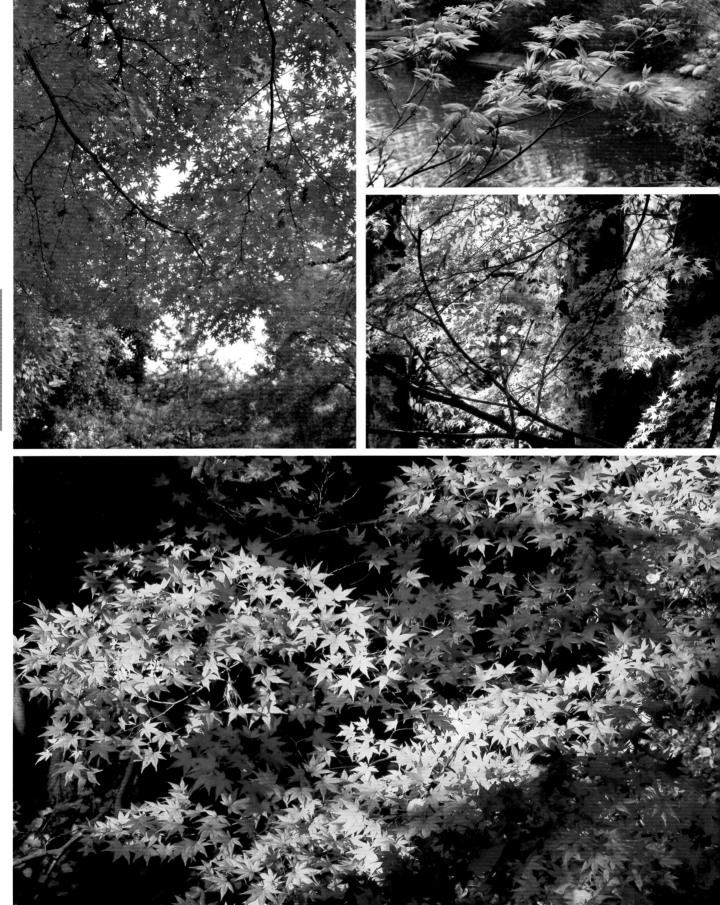

第二章 季色叶植物重要类群

丽江槭
Acer forrestii

俗名	科属名称
和氏槭	槭树科槭树属

形态特征 落叶乔木，高 10 m，稀达 17 m。当年生枝紫色或红紫色。叶纸质，长圆卵形，长 7~12 cm，宽 5~9 cm，基部心脏形或近心脏形，边缘具钝尖的重锯齿，3 裂；中裂片三角卵形，先端尾状锐尖。花黄绿色，雌雄异株，总状花序，有 15~20 朵雄花或 5~12 朵雌花。翅果幼嫩时紫红色，成熟以后则变为黄褐色；长约 2.3~2.5 cm，张开成钝角。花期 5 月；果期 9 月。

应用地域 产于我国云南西北部和四川西南部。在美国中部地区园林应用，我国中部、南部地区适宜应用。

园林应用 树型高大，冠幅广阔，秋叶黄色或橙红色。是优良的庭园观赏树，也可用于风景区景观树种。

相关品种 无。

岭南槭
Acer tutcheri

科属名称
槭树科槭树属

形态特征 落叶乔木，高 5~10 m。当年生枝绿色或紫绿色。单叶纸质，基部圆形或近于截形，外貌阔卵形，长 6~7 cm，宽 8~11 cm，常 3 裂稀 5 裂；裂片三角状卵形，先端锐尖或尾状锐尖，边缘具稀疏而紧贴的锐尖锯齿。花杂性，常生成仅长 6~7 cm 短圆锥形花序，花瓣 4，淡黄白色。幼果淡红色，成熟时淡黄色，长 2~2.5 cm，张开成钝角。花期 4 月；果期 9 月。

应用地域 产于我国浙江南部、江西南部、湖南南部、福建、广东和广西东部。

园林应用 我国特产树种，可作庭院栽培，也可作行道树。

相关品种 无。

美国红枫
Acer rubrum

俗名	科属名称
红花槭、北方红枫、北美红枫、沼泽枫、加拿大红枫	槭树科槭树属

形态特征 落叶乔木，高 9~28 m，冠幅 12 m。叶对生，3~5 裂，嫩叶微红色，之后变成绿色，直至深绿色。花多红色，稀淡黄，繁密芳香，花梗淡红色，花期由短逐渐伸长。翅果，红色，长 2.5~5 cm。花期 3~4 月。

应用地域 原产于美国东海岸及加拿大大部分地区。现我国各地广泛引种栽培。

园林应用 春季嫩叶浅红，夏季叶色浓绿，秋叶由黄绿色变成黄色，最后成为绚丽的红色，挂色期长、落叶晚，颇具观赏性，是美国的五大优秀遮荫树之一，常用作公园或景区风景树。

相关品种 无。

青榨槭
Acer davidii

俗名	科属名称
青蛙槭、青虾槭、大卫槭	槭树科槭树属

形态特征 落叶乔木，高约 10~15 m。树皮黑褐色或灰褐色，常纵裂成蛇皮状。叶纸质，长圆卵形，长 6~14 cm，宽 4~9 cm，先端锐尖或渐尖，常有尖尾，基部近于心形或圆形，边缘具不整齐的钝圆齿。总状花序顶生，花黄绿色，杂性。翅果黄褐色；连同小坚果共长 2.5~3 cm，展开成钝角或几成水平。花期 4 月；果期 9 月。

应用地域 产于我国华北、华东、中南、西南各省区。在黄河及长江流域和东南沿海各省区普遍栽培。

园林应用 树形苍劲挺拔，叶阔色绿，枝叶繁茂，树皮蛙绿色，并配有纵向墨绿色条纹，似青蛙皮色，秋叶艳红，具有很高的观赏价值。常植于庭院和公园中的水畔、山石边、墙缘等处作景观树。

相关品种 同属植物园茶条槭（*A. ginnala*），树皮粗糙、微纵裂，灰色，当年生枝绿色或紫绿色，叶长 6~10 cm，宽 4~6 cm，常具较深的 3~5 裂，翅果张开近于直角或成锐角。

青榨槭

青榨槭果序

青榨槭

青榨槭

青榨槭

茶条槭

茶条槭

茶条槭

第三节 被子植物——双子叶植物

三角枫
Acer buergerianum

俗名	科属名称
三角槭	槭树科槭树属

形态特征 落叶乔木，高 5~10 m。叶纸质，椭圆形或倒卵形，长 6~10 cm，通常 3 浅裂，稀全缘，基部近于圆形或楔形。顶生伞房花序，花多数，直径约 3 cm，总花梗长 1.5~2 cm，萼片 5，黄绿色，花瓣 5，淡黄色。翅果黄褐色；小坚果特别凸起，翅与小坚果共长 2~2.5 cm，张开成锐角或近于直角。花期 4 月；果期 8 月。

应用地域 产于我国长江流域中下游及陕西、甘肃、山东等省。各地广泛栽培。

园林应用 树姿优美，冠大浓荫，秋叶红、紫红或黄色，色彩斑斓，颇为美观。为优良的行道树和庭荫树种。

相关品种 无。

三角枫

色木槭
Acer mono

俗名	科属名称
地锦槭、水色槭、五角枫、五角槭	槭树科槭树属

形态特征 落叶乔木，高达 15~20 m。单叶对生，纸质，基部截形或近于心形，长 6~8 cm，宽 9~11 cm，常 5 裂，有时 3 裂及 7 裂的叶生于同一树上；裂片卵形，全缘。顶生圆锥状伞房花序，花杂性，黄绿色，花叶同放。翅果嫩时紫绿色，成熟时淡黄色，长 2~3 cm，张开成锐角或近于钝角。花期 5 月；果期 9 月。

应用地域 产于我国东北、华北和长江流域各省。各地广泛栽培。

园林应用 树冠广阔，枝叶繁茂，叶形美观，果形特别，秋叶常橙黄色或红色，是优良的景观树种。孤植庭院、片植风景区、列植作行道树均可。

相关品种 同属植物五裂槭（*A. oliverianum*），叶五裂，缘具细密锯齿，嫩叶紫红色，翅果开展近水平。五尖槭（*A. maximowiczii*），叶五裂，中间裂片远长于侧裂片。

色木槭

色木槭

色木槭

色木槭

色木槭

色木槭

色木槭

色木槭

色木槭

色木槭

五尖槭

五尖槭

五裂槭

五尖槭

五裂槭

五裂槭

五裂槭

五裂槭

五裂槭

五裂槭

五裂槭

五裂槭

糖槭
Acer saccharum

俗名	科属名称
银白槭	槭树科槭树属

形态特征 高大落叶乔木，树冠卵圆形，高 25~35 m 或更高。单叶对生，掌状 5 深裂，各裂片先端渐尖，缘具深粗齿牙，中裂片常 3 裂，基部心形，长宽约 20 cm。伞房状花序具小花 5~10 朵，黄绿色，无花瓣。翅果，翅长 2~3 cm，种子球形，7~10 mm。

应用地域 原产于北美洲，我国北方地区有引种栽培。

园林应用 树形优美，树冠浓密，叶形美观，秋叶黄色、橙色或橙红色，色彩绚丽，适宜开阔地带做庭院树、草坪树或景观树。

相关品种 无。

第三节 被子植物——双子叶植物

血皮槭
Acer griseum

俗名	科属名称
马梨光	槭树科槭树属

形态特征 落叶乔木，高 10~20 m。树皮赭褐色，常成卵形、纸状的薄片脱落。3 出小叶；纸质，卵形、椭圆形或长圆椭圆形，长 5~8 cm，宽 3~5 cm，先端钝尖，缘具 2~3 个钝形大锯齿，脉上被刚毛状疏柔毛。顶生聚伞花序，常仅有 3 花，花淡黄色。小坚果黄褐色，凸起，长 8~10 mm，宽 6~8 mm，翅角近于锐角或直角。花期 4 月；果期 9 月。

应用地域 产于我国河南西南部、陕西南部、甘肃东南部、湖北西部和四川东部。

园林应用 树皮独特，干色鲜艳醒目，春季幼叶橙黄色或紫红色，秋叶变为橙色、黄色、红色或紫红色，颇为美观，是珍贵的彩叶观赏树种。宜用于庭院或公园景观树，可孤植、群植或与灌木配植。

相关品种 同属植物建始槭（*A. henryi*），3 出小叶，但叶背密被短柔毛，花序总状。初生叶红色，秋叶红色或紫红色。

血皮槭　　血皮槭　　建始槭

血皮槭　　血皮槭　　血皮槭

建始槭

建始槭

建始槭

建始槭

黄连木
Pistacia chinensis

俗名	科属名称
木黄连、药树、黄果树	漆树科黄连木属

形态特征　落叶乔木，高达 30 m，胸径可达 2 m；树冠近圆球形；树皮薄片状剥落。偶数羽状复叶，小叶 10~12 枚，披针形、卵状披针形或线状披针形，长 5~8 cm，宽 1.5~2.5 cm，全缘，先端渐尖，基部斜楔形；侧脉约 13 对。雌雄异株，先花后叶，圆锥花序腋生，雄花序排列紧密，雌花序排列疏松；花期 4~5 月。核果球形，初为黄白色，后变红色至蓝紫色；果期 10 月。

应用地域　广布我国大部分地区，自黄河流域至珠江流域及西南各省。我国黄河流域以及南地区为栽培适生区。

园林应用　树形高大，树冠开阔，寿命长，秋季叶色转为红或黄色，颇具观赏价值。园林中可孤植作庭荫树，可列植作行道树，也可与其它树种混植，形成壮观的山地风景林。

相关品种　无。

毛黄栌
Cotinus coggygria var. *pubescens*

俗名	科属名称
红叶、柔毛黄栌	漆树科黄栌属

形态特征 落叶灌木或小乔木，高达 2~4 m，树皮褐色。叶阔椭圆形或近圆形，长 4~10 cm，宽 3~8 cm，先端圆或微凹，基部圆形或宽楔形，全缘，叶背、尤其沿脉上和叶柄密被柔毛，侧脉 6~11 对。聚伞圆锥花序顶生，无毛或近无毛，花杂性，花瓣 5，黄色，卵形或卵状披针形，不孕花花后花梗伸长呈羽毛状；花期 4~5 月。核果褐红色；果期 7~8 月。

应用地域 分布于我国陕西、甘肃、云南、四川、河南、江苏、湖北、浙江等省，生于海拔 500~1 500 m 的向阳山坡、灌丛、路旁。

园林应用 夏季观赏淡紫色的羽毛状不孕花梗，如云似烟；秋季叶片转为红色或黄色，观层林尽染、万山红遍之秋景。园林中适宜坡地群植，或与常绿树种配置。

相关品种 原种黄栌（ *C. coggygria* ）叶片两面或叶背显著被灰白色柔毛，花序被柔毛。

毛黄栌

毛黄栌

黄栌

黄栌

黄栌

黄栌

黄栌

毛黄栌

毛黄栌

毛黄栌

毛黄栌

黄栌

黄栌

火炬树

Rhus typhina

科属名称
漆树科盐肤木属

形态特征 落叶小乔木，高达 12 m。柄下芽，小枝密生灰色茸毛。奇数羽状复叶，小叶 19~23（11~31），长椭圆状至披针形，长 5~13 cm，缘具锯齿，先端长渐尖，基部圆形或宽楔形，叶轴无翅。圆锥花序顶生，花淡绿色，雌花花柱有红色刺毛。核果深红色，密生绒毛，花柱宿存，密集成火炬形。花期 6~7 月；果期 8~9 月。

应用地域 原产于北美，现我国南北广泛种植。喜开阔的沙土或砾质土上生长。

园林应用 火炬树果穗艳红似火炬，秋叶红鲜，是优良的秋景树种。宜丛植于坡地、公园角落，以吸引鸟类觅食，增加园林野趣，也是固堤、固沙、保持水土的好树种。

相关品种 无。

青麸杨
Rhus potaninii

俗名	科属名称
五倍子、倍子树	漆树科盐肤木属

形态特征　落叶乔木，高 12 m。奇数羽状复叶，小叶 7~13 枚，长 5~10 cm，宽 2~4 cm，先端渐尖，基部多稍偏斜，柄极短，全缘。花序圆锥形，顶生，长 10~20 cm，花白色，径 2.5~3 mm。果穗圆锥形，核果扁球形，径 3~4 mm，成熟时红色。花期 5 月；果熟期 9 月。

应用地域　主要分布于我国云南、四川、甘肃、陕西、山西、河南等省。

园林应用　树体高大，枝叶浓郁，秋叶红似丹枫，南北各地用作行道树，或作公园、庭院风景树。

相关品种　同属植物红麸杨（*Rh. punjabensis* var. *sinica*），小枝被柔毛，小叶 7~13，叶背常红色，无柄；盐肤木（*Rh. chinensis*），叶轴及叶柄有翅，缘有粗锯齿。

青肤杨　青肤杨　青肤杨

青肤杨

青肤杨

盐肤木

盐肤木

盐肤木

盐肤木

青肤杨

盐肤木

第二章 季色叶植物重要类群

红肤杨

红肤杨

红肤杨

千屈菜
Lythrum salicaria

俗名	科属名称
水枝柳、水柳、对叶莲、鞭草、败毒草	千屈菜科千屈菜属

形态特征 多年生湿生草本或半灌木，高达1~2 m。茎直立多分枝，具四棱。叶对生或3叶轮生，狭披针形，长3.5~6.5 cm，全缘，无柄，有时稍抱茎。大型总状花序顶生，数朵族生于叶状苞片腋内，花紫红色，瓣长6~8 mm，花期6~8月。蒴果，7~10月果熟。

应用地域 原产于欧洲和亚洲暖温带，我国南北各地湖滩、沼泽、湿地草丛均有野生。

园林应用 千屈菜花开盛夏，花色艳丽，花期长，是优良的夏季水景观花植物，秋季叶色变为红色。最宜水位有变的浅滩或沼泽地大片种植，或池塘一隅栽植也别有风味。

相关品种 无。

紫薇
Lagerstroemia indica

俗名	科属名称
百日红、满堂红、痒痒树	千屈菜科紫薇属

形态特征　落叶小乔木或灌木，高可达 7 m，树皮光滑，淡褐色；幼枝四棱形，有狭翅。叶对生或互生，近无柄，椭圆形、倒卵形或长椭圆形，长 3~7 cm，宽 2.5~4 cm，无毛或沿主脉有毛。圆锥花序顶生，花紫红色、红色或白色，花瓣 6，上部皱波状，基部有长爪；花期 6~9 月。蒴果椭圆状球形，成熟时紫黑色；果期 9~11 月。

应用地域　我国是紫薇的分布中心与栽培中心。长江流域为主产地，野生条件下多见百年老桩。我国陕西中部至珠江流域、西南地区均有栽培。

园林应用　树干光洁，盛夏开花，花朵繁密，花期长，素有"盛夏绿遮眼，此花红满堂"之赞誉。多植于庭院、池畔、路旁，孤植可与顽石、松柏相伴，丛植、列植亦宜。

相关品种　无。

稠李
Padus racemosa

俗名	科属名称
臭耳子，臭李子	蔷薇科稠李属

形态特征　落叶乔木，高达 15 m，小枝紫褐色。叶椭圆形、长圆形或长圆倒卵形，缘有细锯齿，长 4~10 cm，宽 2~4.5 cm，先端尾尖，基部圆形或宽楔形，缘具锐锯齿或混生重锯齿。总状花序常下垂，长 7~10 cm，具多数小花，白色，芳香。核果卵球形，红褐色或黑色。花期 4~5 月；果 9 月成熟。

应用地域　产于我国东北、华北、西北各地。我国北方多有栽培。

园林应用　春花洁白素雅，春叶紫红色，秋叶变黄或红。可作行道树及公园、庭院的风景树。

相关品种　无。

陕甘花楸
Sorbus koehneana

形态特征 落叶灌木或小乔木，高 2.5~5 m。奇数羽状复叶，长 10~16 cm，小叶 8~13 对，长圆形至长圆披针形，长 1.5~3 cm，宽 0.5~1 cm，先端圆钝或急尖，缘有锐锯齿。复伞房花序多生于侧生短枝上，花白色，芳香。梨果球形，直径 6~8 mm，白色。花期 5~6 月；果熟期 10 月。

应用地域 分布于我国山西、河南、陕西、甘肃、青海、湖北、四川等省。西北地区多见栽培。

园林应用 春季花朵洁白繁密，秋季素果累累，秋叶红色，是优美的庭院风景树种。

相关品种 同属植物湖北花楸（*S. hupehensis*），小叶 4~8 对，秋叶艳红，果实洁白，经冬不落。

陕甘花楸

陕甘花楸

湖北花楸

湖北花楸

湖北花楸

湖北花楸

杜梨
Pyrus betulaefolia

俗名　棠梨、土梨、海棠梨、灰梨

科属名称　蔷薇科梨属

形态特征　落叶乔木，高10 m，小枝常具刺。叶菱状卵形至长圆卵形，长4~8 cm，宽2.5~3.5 cm，先端渐尖，基部宽楔形，缘具锐锯齿。伞形总状花序，具小花10~15朵，花白色。果实近球形，直径5~10 mm，2~3室。花期4月；果熟期8~9月。

应用地域　我国辽宁、河北、河南、山东、山西、陕西、甘肃、湖北、江苏、安徽、江西等省有分布，北方各地多见栽培。

园林应用　春天银花满树，秋天褐果累累，秋叶变黄、红或紫红色。可用作庭院观赏树或行道树。

相关品种　同属种：豆梨（*P. calleryana*）叶缘具圆齿，果实黑褐色，径约1 cm；梨（*P. bretschneideri*）及其相关品种，叶缘具刺毛状锯齿，果实黄色，较大，可食。

杜梨

杜梨

杜梨

杜梨

梨

梨

梨

梨

杜梨

杜梨

豆梨

豆梨

豆梨

木瓜
Chaenomeles sinensis

俗名	科属名称
榠楂、木李	蔷薇科木瓜属

形态特征 灌木或小乔木，高达 5~10 m。树皮成不规则片状脱落，小枝无刺。叶片椭圆卵形或椭圆长圆形，长 5~8 cm，宽 3.5~5.5 cm，先端急尖，基部圆形，缘具刺芒状锐锯齿。花单生于叶腋，花梗短粗，花径 2.5~3 cm，粉红色。果实长椭圆形，长 10~15 cm，暗黄色，木质，芳香。花期 4 月；果期 9~10 月。

应用地域 产于我国山东、陕西、湖北、江西、安徽、江苏、浙江、广东、广西等地。

园林应用 早春叶色嫩绿，配以粉红色花朵，娇艳诱人，秋果浓香宜人，秋叶亮黄、红色或橙红色，是我国传统的观花观果兼观叶植物。常见于庭院之中，矮生品种也可做盆景观赏。

相关品种 无。

垂丝海棠
Malus halliana

俗名	科属名称
海棠、海棠花、垂枝海棠、解语花	蔷薇科苹果属

形态特征　落叶小乔木，高 2.5~3.5 m。叶卵形至长卵形，长 3~8 cm，具细钝齿。花 4~7 朵簇生枝端，蕾鲜红色，花瓣鲜玫红色至粉色，花径 3~3.5 cm，单瓣或重瓣，花梗细长下垂，故名之，花期 3~4 月。果倒卵形，径 5~6 mm，紫色，果熟期 9~10 月。

应用地域　原产于我国西南、华南、中南等地，现各地均有栽培。

园林应用　早春花繁色艳，花朵下垂，玲珑可爱，是著名的早春观赏花木。宜孤植于庭院、草坪或水旁，或对植于建筑物两旁，或列植于道路两边。

相关品种　同属植物山荆子（*M. baccata*）落叶乔木，高 10~14 m；花白色，果实近球形，红色或黄色，光亮。花期 4 月下旬；果熟期 9 月。西府海棠（*M. micromalus*）花粉红色，果实近球形，红色，萼洼梗洼均下陷。海棠花（*M. spectabilis*），落叶小乔木或丛生状，枝条开展，果洼不下陷。

垂丝海棠　垂丝海棠　垂丝海棠

海棠花　海棠花　海棠花

垂丝海棠　海棠花

海棠花

山荆子

山荆子

第二章 季色叶植物重要类群

山荆子

山荆子

西府海棠

西府海棠

西府海棠

西府海棠

西府海棠

山荆子

西府海棠

山荆子

山楂
Crataegus pinnatifida

俗名	科属名称
山里红	蔷薇科山楂属

形态特征　落叶乔木，高达 6 m。叶片宽卵形或三角状卵形，长 5~10 cm，宽 4~7.5 cm，先端短渐尖，基部截形，通常两侧各有 3~5 羽状深裂片，缘具尖锐稀疏不规则重锯齿。伞房花序具多花，直径 4~6 cm，花径约 1.5 cm，白色，花药粉红色。果实近球形或梨形，直径 1~1.5 cm，深红色。花期 5~6 月；果期 9~10 月。

应用地域　原产于中国东北、华北、西北等地。

园林应用　春花如雪，秋果红艳，秋季叶色变为黄色、橙色等，是传统的果树和庭院美化树种。

相关品种　同属植物甘肃山楂（*C. kansuensis*）叶片不裂或浅裂，果实红色。

甘肃山楂

桃
Amygdalus persica

俗名	科属名称
毛桃、白桃	蔷薇科桃属

形态特征 落叶小乔木，高 4~8 m。树皮暗红褐色，皮孔横裂。单叶互生，在短枝上密集而呈簇生状，卵状披针形或长圆状披针形，长 8~12 cm，宽 3~4 cm，边缘具细密锯齿。花单生，先叶开放，近无梗，直径 2.5~3.5 cm；花瓣 5，粉红色，倒卵形或长圆状卵形，品种繁多。核果卵球形，直径 5~7 cm，果肉肥厚，多汁。花期 4~5 月；果期 6~8 月。

应用地域 原产于我国，各地均有栽培。

园林应用 我国著名的传统早春观花植物，常在水边与柳树相配置，形成"桃红柳绿"的景观，也可群植或片植，开花时节蔚为壮观。

相关品种 常见的观赏桃类有：白碧桃（f. *alba-plena*），花白色，复瓣或重瓣；红碧桃 (f. *rubroplena*)，花红色，复瓣；二乔（f. *versicolor*），白花与红花同株或花瓣两色，重瓣。菊花桃（'*Juhuatao*'）花玫红色，花瓣多数，细长如菊；帚桃（f. *pyramidalis*），树冠窄高，枝条直上，因其树型似扫帚而得名，花色艳丽，着花密集。是一个极为独特的类型。

桃　二乔　菊花桃

桃　桃　桃

白碧桃　红碧桃　帚桃

菊花桃

寿星桃

碧桃

桃

第二章 季色叶植物重要类群

碧桃

帚桃

帚桃

帚桃

榆叶梅
Amygdalus triloba

俗名	科属名称
榆梅、小桃红、榆叶弯枝	蔷薇科桃属

形态特征 落叶灌木，高 2~3 m。叶在短枝上常簇生，在一年生枝上互生，叶片宽椭圆形至倒卵形，长 2~6 cm，宽 1.5~3（4）cm，先端短渐尖，常 3 裂，基部宽楔形。花 1~2 朵生于叶腋，先叶开放，径 2~3 cm，粉红色。因其叶似榆，花如梅，故名"榆叶梅"。果实近球形，径 1~1.8 cm，红色，果肉薄，成熟时开裂。花期 4~5 月；果期 5~7 月。

应用地域 原产于我国东北、华北、西北等地区。现全国各地均有栽培。

园林应用 榆叶梅枝条舒展，花繁似锦，秋叶黄色或橙红色。孤植、群植均可，特别宜于以常绿植物为背景，与连翘配植营造景观。

相关品种 重瓣榆叶梅（var. *plena*），花重瓣，深粉红色。

重瓣榆叶梅

重瓣榆叶梅

榆叶梅

榆叶梅

重瓣榆叶梅

榆叶梅

重瓣榆叶梅

重瓣榆叶梅

重瓣榆叶梅

麻叶绣线菊
Spiraea cantoniensis

俗名	科属名称
麻叶绣球、麻球	蔷薇科绣线菊属

形态特征　落叶灌木，高达2 m；小枝细，暗红褐色，拱形弯曲。叶菱状披针形至菱状长圆形，长3~5.5 cm，宽1.5~2 cm，基部楔形，叶缘自中部以上有缺刻状锯齿，叶面深绿色，叶背灰绿色；叶脉羽状。伞形花序着生枝顶，花密集，白色，花瓣近圆形或倒卵形；花期4~5月。蓇葖果直立；果期7~9月。

应用地域　原产于我国福建、广东、广西、江西等省区，我国南北各地广泛栽培。

园林应用　观花灌木，株型自然拱曲，花繁如雪，可丛植于池畔、山坡，可缀植于林缘，也可列植于墙垣一侧。

相关品种　同属种：珍珠绣线菊（*S. thunbergii*）枝条细长开张，呈弧形弯曲，叶片线状披针形，秋叶艳红，花白色，繁密，花期4~5月。'粉阳伞'（*S. fritschiana* 'Pink Parasols'）为华北绣线菊之园艺品种，花粉红色，嫩叶红色或紫红色，秋季叶色黄色、橙色或红色。

麻叶绣线菊

麻叶绣线菊

麻叶绣线菊

麻叶绣线菊

'粉阳伞'

麻叶绣线菊

麻叶绣线菊

麻叶绣线菊

珍珠绣线菊

珍珠绣线菊

珍珠绣线菊

麦李
Cerasus glandulosa

科属名称
蔷薇科樱属

形态特征 落叶灌木，高 0.5~1.5 m；小枝灰棕色或棕褐色，光滑。叶长圆状披针形或椭圆披针形，长 2.5~6 cm，宽 1~2 cm；侧脉 4~5 对；叶缘具细钝齿。花单生或 2 朵簇生，与叶同放，粉色或白色，单瓣或重瓣；花期 4 月。核果近球形，红色或紫红色；果期 8~9 月。

应用地域 分布于我国中部、西南、东南及陕西，生于山坡、沟边或灌丛中。我国南方地区多有栽培，河北、北京、陕西等地也有栽培。

园林应用 传统观赏花卉，具有一定的抗烟尘作用。花有粉、白之分，瓣有单、重之别。丛植是栽种麦李的常见方法，也可缀植于岩石旁，列植于道路边。

相关品种 无。

日本晚樱
Cerasus serrulata var. *lannesiana*

俗名	科属名称
樱花、日本樱花	蔷薇科樱属

形态特征 落叶乔木，高 10 m。叶倒卵形，缘具渐尖重锯齿，齿端有长芒。花单瓣或重瓣，粉红、白色或绿色，花瓣顶端常凹形，花期 4 月中下旬。果卵形，黑色，果熟期 6~7 月。

应用地域 引自日本，我国各地庭园栽培。

园林应用 具有梅之幽香，桃之艳丽的观赏特性。春季萌发的新叶有嫩绿色和茶褐色，秋叶黄色或橙色。宜作城市行道树或庭院风景树。

相关品种 同属植物东京樱花（*C. yedoensis*）花白色或粉红色，先叶开放；秋叶红色或黄色。

日本晚樱

日本晚樱

日本晚樱

日本晚樱

日本晚樱

东京樱花

日本晚樱

日本晚樱

日本晚樱

第二章 季色叶植物重要类群

日本晚樱

日本晚樱

日本晚樱

日本晚櫻

东京樱花

东京樱花

东京樱花

粉团
Viburnum plicatum

俗名	科属名称
雪球荚蒾、木绣球	忍冬科荚蒾属

形态特征 落叶灌木，高约3 m。叶纸质，宽卵形、椭圆形或倒卵形，长4~10 cm，不分裂，先端微凸尖，基部圆形或宽楔形，叶缘有不整齐小锯齿；侧脉明显，上凹下凸，10~12对。聚伞花序球形，全部由大型不孕花组成，第一级辐射枝6~8条，花生于第四级辐射枝上，花冠白色；花期4~5月。不结实。

应用地域 分布于湖北西部、贵州中部。我国南方栽培区域广泛，北方也有栽培，适应酸性、中性或弱碱性土壤。

园林应用 开花时，在片片绿叶的衬托下，团团的白花格外醒目。适于各类公共、休闲绿地布置，可三、五株配植，若在庭院一隅呈带状自然式群植，效果亦佳。

相关品种 本种变型蝴蝶荚蒾(f. *tomentosum*)花序直径4~10 cm，外围有4~6朵白色、大型的不孕花，形如蝴蝶；同属种天目琼花(*V. opulus* var. *calvescens*)，花序边缘也具大型不孕花，叶广卵形，常3裂，核果红色；琼花（ *V. macrocephalum* f. *keteleeri* ）又名聚八仙、八仙花、扬州琼花等，叶卵形或椭圆形，缘具细齿，背面疏生星状毛，不裂，核果先红色，后变黑色。

粉团

蝴蝶荚蒾

蝴蝶荚蒾

粉团

蝴蝶荚蒾

蝴蝶荚蒾

蝴蝶荚蒾

琼花

琼花

琼花

琼花

琼花

第三节 被子植物——双子叶植物

天目琼花

天目琼花

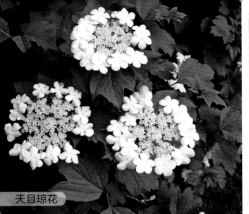

天目琼花

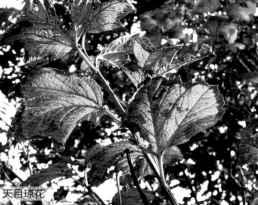

天目琼花

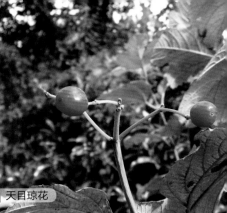

天目琼花

锦带花
Weigela florida

俗名	科属名称
锦带、海仙	忍冬科锦带花属

形态特征 落叶灌木，高达 1~3 m；幼枝稍四方形。叶矩圆形、椭圆形至倒卵状椭圆形，长 5~10 cm，顶端渐尖，基部阔楔形至圆形，缘具锯齿。花单生或成聚伞花序生于侧生短枝的叶腋或枝顶，萼齿长约 1 cm，不等，深达萼檐中部；花冠紫红色或玫瑰红色，长 3~4 cm。果实长 1.5~2.5 cm，顶有短柄状喙。花期 4~6 月。

应用地域 产于我国黑龙江、吉林、辽宁、内蒙古、山西、陕西、河南、山东北部、江苏北部等地。各地广泛栽培。

园林应用 花期正值春末和夏季少花之时，花期长，花色艳丽而繁密，秋叶黄色、红色或橙色，是花叶共赏的优良树种。宜群植或丛植于庭院墙隅、湖畔等；也可作花篱。锦带花对氯化氢抗性强，是良好的抗污染树种。

相关品种 同属常见栽培的还有海仙花（*W. coraeensis*），花萼杯状，长约 5 mm，分裂约达全长的 1/3。其花初开白，次绿、次绯、次紫，很耐观赏。花期 5 月和 8 月一年两度开花。

海仙花

海仙花

海仙花

锦带花

锦带花

锦带花

锦带花

锦带花

锦带花

橙桑
Maclura pomifera

俗名	科属名称
桑橙、柘果、柘橙、马苹果、弓木、奥塞奇橙	桑科橙桑属

形态特征 落叶乔木或小乔木，高达 8 m（原产区可达 20 m），树冠疏展，长枝具刺，短枝上的刺生于无叶枝腋。叶厚纸质，卵形或卵状椭圆形，长 5~12 cm，宽 4~8 cm，全缘，先端渐尖，基部宽楔形至圆形。雄花多数，组成圆锥花序，长 2.5~3.5 cm，雌花序扁球形头状。聚花果肉质，近球形，直径 8~14 cm，表面成块状，成熟时黄色，有香味。

应用地域 原产于美洲，我国河北及河南的东部地区多有引种栽培。

园林应用 树冠舒展，叶片光亮，果实奇特，秋叶亮黄色。可孤植或群植或与其它常绿树种搭配种植，具多棘刺，也适宜作绿篱。

相关品种 无。

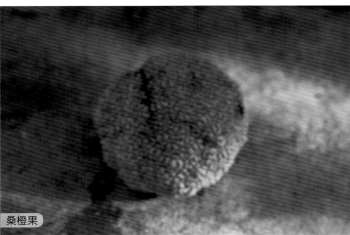

桑橙果

第三节 被子植物——双子叶植物

美洲山柳
Clethra alnifolia

俗名	科属名称
甜胡椒	山柳科山柳属

形态特征　落叶灌木，高 1.5~3 m。单叶互生，倒卵形或椭圆形，长 4~10 cm，宽 2~4 cm，叶缘具锯齿。顶生总状花序长约 15 cm，圆筒状，小花白色或淡粉色，直径 5~10 mm，花瓣 5；芳香。蒴果，开裂为 3 果瓣，具胡椒味。花期 7~9 月。

应用地域　本种及相近种分布于亚洲、非洲西北部及美洲。我国华东地区有引种。

园林应用　灌丛笔直，花果芳香，秋叶金黄色或橙色，病虫害少，是优良的芳香类水岸植物，具有优良的水土保持能力，适宜片植或丛植。

相关品种　无。

灯台树
Bothrocaryum controversum

俗名	科属名称
六角树、女儿木、瑞木	山茱萸科灯台树属

形态特征　落叶乔木，高可达 20 m；树皮光滑，灰褐色或暗灰色；当年生枝暗紫红色。叶互生，纸质，常簇生枝梢，宽卵形、椭圆状卵形或披针状椭圆形，长 6~13 cm，宽 3~7 cm，全缘或微波状，无毛；侧脉 6~7 对，弧状。伞房状聚伞花序，顶生，花小，白色，花瓣 4，长披针形；花期 5 月。核果球形，成熟时紫红色或蓝黑色；果期 9 月。

应用地域　广布种。我国辽宁、陕西、甘肃、广东、云南、台湾等省区均有分布，性喜温暖、湿润、光线充足或半遮阴的环境，生于海拔 250~2600 m 的阔叶林中。

园林应用　分枝轮生，形似灯盏，秋叶黄中泛红。适宜作行道树；若作庭荫树时宜于开阔草坪、花坛处孤植或三两株配植，充分展示优美树形；因其极耐阴湿环境，也可用于溪谷等背阴环境的绿化。

相关品种　无。

红瑞木

Cornus alba

俗名	科属名称
红梗木、凉子木、红瑞山茱萸	山茱萸科梾木属

形态特征 落叶灌木，高达 3 m，或更高；老干暗红色；小枝血红色，常被白粉。叶对生，纸质，卵形、椭圆形至卵圆形，长 5~9 cm，宽 2~5.5 cm，先端突尖，基部圆形或楔形，全缘；侧脉 5~6 对。聚伞花序顶生，花小，黄白色或白色，花瓣 4；花期 5~6 月。核果长圆形或斜卵圆形，成熟时乳白色或蓝白色；果期 8~10 月。

应用地域 产于我国西北、华北、东北及江苏、江西等省；朝鲜以及欧洲等地也有分布。生于山地针阔叶混交林或灌丛中。

园林应用 优良的观叶、观枝和观果植物，既可作灌木栽培，也可培养成独干观赏。庭园绿地或园林坡地栽植三五成丛，情趣盎然，也可列植于道路两侧作为分隔、防护树种使用。

相关品种 栽培品种有金边红瑞木（'Spaethii'）、银边红瑞木（'Argenteo Marginata'）等。

金边红瑞木

银边红瑞木

毛梾
Cornus walteri

俗名	科属名称
车梁木、小六谷	山茱萸科梾木属

形态特征 落叶乔木，高 6~15 m。单叶对生，椭圆形、长圆椭圆形或阔卵形，长 4~12 (~15.5) cm，宽 1.7~5.3 (~8) cm，先端渐尖，基部楔形，侧脉 4 (~5) 对。伞房状聚伞花序顶生，花密，宽 7~9 cm，花白色，有香味，直径 9.5 mm；花瓣 4。核果球形，直径 6~7(~8) mm，成熟时黑色。花期 5 月；果期 9 月。

应用地域 产于我国辽宁、河北、山西南部以及华东、华中、华南、西南各省区。

园林应用 干直冠阔，枝叶茂密，春季素花满枝，秋季果实累累。孤植庭院、草坪一隅，河岸池旁等处或作行道树，也是很好的水土保持树种。

相关品种 同属植物梾木（*C. macrophylla*），侧脉 6~8 对。

毛梾

毛梾

毛梾

梾木

梾木

毛梾

毛梾

梾木

山茱萸
Macrocarpium officinale

形态特征 落叶乔木或灌木，高 4~10 m。单叶对生，卵状披针形或卵状椭圆 形，长 5.5~10 cm，宽 2.5~4.5 cm，先端渐尖，基部 宽楔形或近于圆形，全缘，侧脉 6~7 对。伞形花序生于枝侧，花小，黄色。核果长椭圆形，长 1.2~1.7 cm，直径 5~7 mm，红色至紫红色。花期 3~4 月；果期 9~10 月。

应用地域 主要分布于我国山东、山西、河南、陕西、甘肃、湖北、浙江、四川等地。

园林应用 树形优美，春季黄花满枝，秋季红果累累，秋叶红色、紫红色，常用于小型庭院、公园美化，或作生态保护林。

相关品种 无。

第二章 季色叶植物重要类群

四照花
Dendrobenthamia japonica

俗名	科属名称
石枣、羊梅、山荔枝	山茱萸科四照花属

形态特征 落叶小乔木或乔木，株高 3~6 m。单叶对生，卵状椭圆形，全缘，长 4.5~9 cm，侧脉 3~4（~5）。头状花序顶生，具 4 枚白色花瓣状总苞片，卵形或卵状披针形，花期 4~5 月。核果聚成球形之聚合果，熟后红色或紫红色，果熟期 9~10 月。

应用地域 原产于我国山西、甘肃、陕西及长江中下游地区。

园林应用 树形紧凑，花期白色苞片布满树冠，似群蝶枝头飞舞，素雅美丽，秋果繁茂艳红，秋叶丹红似火，为优良的花、叶、果共赏树种。园林中常以常绿树为背景丛植于草坪、路边、林缘或池畔等。

相关品种 同属植物多脉四照花（*D. multinervosa*），侧脉 6（~7）对；香港四照花（*D. hongkongensis*），叶亚革质至厚革质，下面有褐色散生的毛被残点；大花四照花（*D. florida*），花白色或粉红色，先叶开放或与叶同放。

四照花

四照花

四照花

大花四照花

大花四照花

大花四照花

四照花

照花

多脉四照花

香港四照花

多脉四照花

多脉四照花

四照花

香港四照花

商陆
Phytolacca acinosa

俗名	科属名称
山萝卜、见肿消	商陆科商陆属

形态特征 多年生草本，全株无毛，高 1~1.5 m；主根肥厚，圆锥形，肉质，外皮淡黄色，断面粉红色；茎粗壮，圆柱形，绿色或紫色。叶椭圆形或长椭圆形，长 10~25 cm，宽 6~12 cm，全缘。总状花序顶生或与叶对生，直立，花白色，花药粉红色；花期 5~7 月。浆果扁球形，紫黑色；果期 9~10 月。

应用地域 遍布我国大部分省区，野生或栽培。野生分布在海拔 500~3000 m 的山沟、林缘、路旁。

园林应用 株型紧凑，叶至秋季渐次转为暗红色。我国南北各地园林应用广泛，常见于公园花坛、庭院一隅、小溪岸边。由于其良好的适应性，在全光照和遮阴生境中均可与各类宿草配置栽培。

相关品种 同属种：美洲商陆（*P. americana*），与商陆的主要区别是果序下垂，故又称垂序商陆。原产于北美，我国各地广泛栽培。

商陆

美洲商陆

商陆

美洲商陆

商陆

美洲商陆

石榴
Punica granatum

俗名	科属名称
安石榴、山力叶、丹若、若榴木	石榴科石榴属

形态特征 落叶灌木或乔木，高通常 3~5 m，枝顶常成尖锐长刺。叶对生或簇生，矩圆状披针形，长 2~9 cm，顶端短尖或微凹，基部短尖至稍钝形。花 1~5 朵生于枝顶；萼筒长 2~3 cm，通常红色或淡黄色，花瓣红色、黄色或白色，长 1.5~3 cm，宽 1~2 cm。浆果近球形，直径 5~12 cm，淡黄褐色或淡黄绿色，有时白色，稀暗紫色。花期 6~7 月；果期 9~10 月。

应用地域 原产于巴尔干半岛至伊朗及其邻近地区，全世界的温带和热带都有种植。

园林应用 树姿优美，枝叶秀丽；盛夏繁花似锦，色彩艳丽；秋季硕果累累，悬挂枝头；花果共赏，是著名园林观赏树种。孤植、丛植、对植或列植，于庭院、游园、门庭出处、小道溪旁、建筑物之旁等处，也可作绿篱，效果均佳。

相关品种 根据花的颜色以及重瓣或单瓣等特征又可分为若干个栽培变种，如月季石榴（'nana'）（矮小灌木，叶线形，花果均较小）；白石榴（'albescens'）（花白色）；重瓣白花石榴（'multiplex'）（花白色而重瓣）；黄石榴（'flavescens'）（花黄色）；玛瑙石榴（'legrellei'）（花重瓣，有红色或黄白色条纹）。

石榴

果石榴

玛瑙石榴

墨石榴

柿树
Diospyros kaki

俗名	科属名称
朱果、猴枣	柿树科柿树属

形态特征 落叶乔木，高 10~15 m。叶椭圆形或阔椭圆形，长 5~18 cm，宽 2.8~9 cm，先端渐尖或钝，基部楔形、钝圆形或近截形。花雌雄异株，少见杂生，聚伞花序腋生，雄花长 1~1.5 cm，有花 3~5 朵，雌花单生叶腋，花冠钟形，淡黄色，长约 2 cm。果形种种，有球形，扁球形，球形而略呈方形，卵形等等，直径 3.5~8.5 cm 不等，老熟时果肉变成柔软多汁，呈橙红色或大红色等。花期 5~6 月；果期 9~10 月。

应用地域 原产于我国长江流域，现在在辽宁西部、长城一线经甘肃南部，折入四川、云南，在此线以南，东至台湾省，各省、区多有栽培。

园林应用 树冠圆阔，枝叶繁茂，秋叶红似丹枫，果实艳红累累，是我国特产传统果树。广泛用作庭院绿化观赏树种，或城市行道树栽培。

相关品种 无。

金丝李
Garcinia paucinervis

俗名	科属名称
埋贵、米友波、哥非力郎	藤黄科藤黄属

形态特征　常绿乔木，树高达 30 m，胸径可达 1.5 m 以上，树皮灰黑色，具白斑块。叶对生，革质，长椭圆形，长 6~18 cm，宽 2~6 cm，全缘，先端突尖或短渐尖，基部宽楔形。花杂性同株；雄花成腋生和顶生的聚伞花序，花小，花近透明，雌花单生于叶腋。浆果椭圆形或卵状椭圆形，长 3.5~5 cm，直径 1~2.5 cm。花期 6~7 月；果期 11~12 月。

应用地域　产于我国广西西部和西南部，云南东南部。我国南部地区园林应用。

园林应用　树形高大，树干独特，枝叶茂密，嫩叶紫红色，成熟叶浓绿光亮，均颇为美观。可做庭园观赏树、草坪树或风景区景观树。

相关品种　无。

扶芳藤
Euonymus fortunei

俗名	科属名称
换骨筋、小藤仲、爬行卫矛、千金藤	卫矛科卫矛属

形态特征　常绿藤本，匍匐或攀援，长可达 10 m；枝上生根，小枝绿色。叶薄革质，椭圆形或长圆状倒卵形，长 3.5~8 cm，宽 1.5~4 cm，叶缘有锯齿，基部广楔形。聚伞花序 3~4 次分枝，花绿白色；花期 6~7 月。蒴果粉红色，果皮光滑，近球形；种子长方椭圆形，假种皮鲜红色；果期 10 月。

应用地域　产于我国陕西、江苏、四川、湖北、湖南、安徽、浙江等省，阳性树种，耐修剪，易造型，我国南北各地栽培广泛。

园林应用　生长季叶色浓绿光亮，入秋暗红色，既可垂直绿化；又可以自然状态任意生长，作公共绿地的地被植物；还可以根据人的意愿修剪成各类带有特定主题的造型。

相关品种　无。

卫矛
Euonymus alatus

俗名	科属名称
鬼箭羽、四棱树	卫矛科卫矛属

形态特征 落叶灌木，高 2~3 m；小枝常有 2~4 条木栓质阔翅。叶对生，卵状椭圆形、长椭圆形或菱状倒卵形，长 3~8 cm，宽 1~3 cm，叶缘有细锯齿，基部楔形，两面均无毛；叶柄短或近无柄。聚伞花序腋生，1~3 朵，黄绿色，花瓣倒卵圆形；花期 5~6 月。蒴果椭圆形，棕色，果熟时开裂，露出橙红色假种皮；果期 9~10 月。

应用地域 我国大部分地区有分布，生于海拔 600~1800 m 的山坡、灌丛、沟谷林中。全国各地广为栽培。

园林应用 早春嫩叶及晚秋叶色紫红，落叶后紫色果实悬垂枝间，为优良的观叶赏果树种。多植于园径两侧、山石旁、斜坡间、水池边，或在园林中作绿篱栽培；配植其它观果、观叶类树种，形成独特的秋季季相景观。

相关品种 无。

全缘栾树
Koelreuteria bipinnata var. integrifoliola

俗名	科属名称
黄山栾树、山膀胱、图扎拉、马拉子	无患子科栾树属

形态特征 落叶乔木，高可达 20 余米。二回羽状复叶，长 45~70 cm，小叶 9~17，互生，很少对生，斜卵形，长 3.5~7 cm，宽 2~3.5 cm，顶端短尖，基部阔楔形或圆形，略偏斜，通常全缘。大型圆锥花序，长 35~70 cm，花瓣 4，瓣片长 6~9 mm，宽 1.5~3 mm，黄色。蒴果椭圆形或近球形，红色或紫红色。花期 7~10 月；果期 8~10 月。

应用地域 产于我国广东、广西、江西、湖南、湖北、江苏、浙江、安徽、贵州等省区。现我国中部及其以南广泛栽培。

园林应用 树冠广阔，形态优美，枝繁叶茂，夏末黄花满枝，与艳红的幼果相配，入秋后，红果、绿叶、黄叶共存枝头，色彩斑斓，颇为宜眼，是难得的夏花类高大树种。广泛用作庭院风景树和行道绿化树。

相关品种 同属植物栾树（*K. paniculata*）小叶缘具不整齐钝齿或深裂，花期 5 月，蒴果黄绿色，熟时黄褐色。

全缘栾树

栾树

栾树

全缘栾树

栾树

栾树

栾树

栾树

栾树

无患子
Sapindus mukorossi

俗名	科属名称
木患子、黄金树、肥皂树、洗手果、菩提子	无患子科无患子属

形态特征 落叶乔木，高达 20 m；树皮灰色或灰褐色，平滑不裂；嫩枝绿色。偶数羽状复叶，小叶 5~8 对，中脉两侧不等，长椭圆状披针形或稍呈镰刀状，薄纸质，长 7~15 cm，宽 2~4 cm，全缘。圆锥花序顶生，花小，花瓣 5，披针形；花期 5~6 月。核果近球形，橙黄色，干时黑色；果期 10~11 月。

应用地域 原产于我国长江流域及其以南各地，秦岭南坡有分布，生于海拔 300~1000 m 间的山坡灌丛、沟谷或疏林中。 我国南方各地均有栽培，北方冬季气温不低于 –10℃的地区也可栽培。

园林应用 树干通直，树冠开展，秋叶金黄，故名"黄金树"。园林中作行道树或庭荫树，也可在风景区的坡地与黄栌、槭树等配置，形成有层次、有色差的生态林。

相关品种 无。

第二章 季色叶植物重要类群

梧桐
Firmiana platanifolia

俗名	科属名称
中国梧桐、青桐、桐麻	梧桐科梧桐属

形态特征 落叶乔木，高达 16m；树皮青绿色，平滑。单叶心形，掌状 3~5 裂，直径 15~30 cm，裂片三角形，顶端渐尖，基部心形。圆锥花序顶生，长约 20~50 cm，花淡黄绿色。蓇葖果膜质，有柄，成熟前开裂成叶状，长 6 ~11 cm、宽 1.5~2.5 cm。花期 6~7 月；果熟期 10 月。

应用地域 原产于中国及日本。我国从海南岛到华北均有栽培。

园林应用 树形优美，树干端直，树皮青绿光滑，叶片美观，秋叶金黄，是我传统的庭院景观树种，在园林中常孤植或列植作风景树或行道树。

相关品种 无。

南天竹
Nandina domestica

俗名	科属名称
蓝田竹	小檗科南天竹属

形态特征　常绿小灌木，高 1~3 m，丛生，幼枝常为红色。3 回羽状复叶，互生，长 30~50 cm，叶轴具关节，小叶椭圆状披针形，全缘，长 2~10 cm，幼时及秋季变为红色或紫红色。花序圆锥形直立，长 20~35 cm，花小，白色，具芳香。浆果球形，直径 5~8 mm，熟时鲜红色，经冬不落。花期 5~7 月；果熟期 9~11 月。

应用地域　产于黄河流域及其以南地区，现我国多数地区有栽培。

园林应用　南天竹枝叶秀丽，叶色多变，果实红艳诱人，经久不落，是我国传统的优良庭院植物，为观叶观果之上品。常以山石相配，或植于水边。

相关品种　无。

三球悬铃木
Platanus orientalis

俗名	科属名称
法桐、法国梧桐	悬铃木科悬铃木属

形态特征 落叶乔木，高 20~30 m，树皮成不规则片状剥落，暗灰色或淡绿白色。叶掌状 5~7 裂，基部广楔形或截形，宽 10~20 cm，叶缘有粗齿或全缘。球状果序 2~6，生于长而下垂的总轴上，果序直径 2~2.5 cm，小坚果周围具突出刚毛，花柱宿存成刺状。花期 4~5 月；果熟期 10~11 月。

应用地域 原产于欧洲东南部和亚洲西部。我国各地均有栽培。

园林应用 世界著名的庭荫树和行道树。树形雄伟，叶大浓荫，树冠广阔，生长快，耐修整，有世界"行道树之王"的美称。

相关品种 同属植物二球悬铃木（*P. acerifolia*）（英桐），球果通常为 2 球一串；一球悬铃木（*P. occidentalis*）（美桐），球果多为单生。

旱柳
Salix matsudana

俗名	科属名称
柳树、青皮柳	杨柳科柳属

形态特征 落叶乔木，高达 18 m；树干挺直，树冠广圆形，树皮灰黑色，纵裂；枝淡黄色或绿色。叶披针形，长 5~8 cm，宽 1~1.5 cm，先端长渐尖，基部宽圆形或楔形，叶缘有细锯齿，叶背灰白色。雌雄异株，花序与叶同放，雄花序圆柱形；雌花序较短，长约 2 cm；花期 3~4 月。朔果，种子细小，具白色长毛；果期 4~5 月。

应用地域 产于我国东北、华北、西北及长江流域各省区，生于海拔 540~2500 m 的干旱、湿润或寒冷地带，为我国北方地区常见栽培的乡土树种之一。

园林应用 树冠丰满，树形婀娜，枝条柔垂，秋叶转黄，多用于行道绿化、四旁绿化，也可列植于河堤两岸，片植于街心隔离带，或缀植于庭院、草坪中，造景效果极佳。

相关品种 该种变型：龙爪柳（f. *tortuosa*），枝条卷曲向上，观赏性较强，但生长势不及原种；同属种垂柳（S. *babylonica*）枝条柔软细长并下垂，枝条长度及细柔度远超过旱柳。

旱柳　旱柳　旱柳　旱柳　旱柳　垂柳　旱柳　旱柳

垂柳

龙爪柳

龙爪柳

龙爪柳

龙爪柳

龙爪柳

爪柳

爪柳

胡杨
Populus euphratica

俗名	科属名称
胡桐、英雄树、异叶杨、水桐、三叶树	杨柳科杨属

形态特征 乔木，高 15 m，胸径可达 3.1 m；树皮灰褐色，纵裂。叶灰褐色，革质，叶形多变，卵圆形、披针形、卵状菱形或肾形，先端有楔形粗齿，基部楔形。雌雄异株，雄花序细圆柱形，花药紫红色；雌花序长 3~5 cm，柱头 3，鲜红色；花期 5 月。蒴果长椭圆形；果期 6~8 月。

应用地域 我国新疆是胡杨分布最多的地区，位于轮台县境内的胡杨林保护区保存最完整，面积达 40 余万亩，成为中外游客观赏大漠胡杨林的最佳去处，此外，青海、甘肃、内蒙古等地也有分布。

园林应用 胡杨林是我国西北荒漠地区特有的珍贵森林资源，维吾尔人称胡杨为"最美丽的树"。秋季是欣赏胡杨的最佳时节，在蓝天白云的映衬下，峥嵘的树干托举着金色的树冠，显得格外壮观。

相关品种 无。

加杨
Populus × canadensis

形态特征 高大乔木，高 30 多米。干直，树皮粗厚，深沟裂，下部暗灰色，上部褐灰色，树冠卵形。叶三角形或三角状卵形，长 7~10 cm，长枝和萌枝叶较大，长 10~20 cm，一般长大于宽，先端渐尖，基部截形或宽楔形，具圆锯齿。雄花序长 7~15 cm，雌花序有花 45~50 朵。果序长达 27 cm；蒴果卵圆形，长约 8 mm，先端锐尖，2~3 瓣裂。雄株多，雌株少。花期 4 月；果期 5~6 月。

应用地域 我国除广东、云南、西藏外，各省区均有引种栽培。

园林应用 树形高大，冠型优美，秋叶亮黄色，速生，适应性强。北方地区常做防护林、公路道边树，也可列植或群植于风景区观赏。

相关品种 同属植物钻天杨（*P. nigra* var. *italica*），也称美杨或美国白杨，树冠圆柱形，树形高耸挺拔，姿态优美。

钻天杨

钻天杨

钻天杨

第三节 被子植物——双子叶植物

钻天杨

榉树
Zelkova serrata

俗名	科属名称
光叶榉、鸡油树、光光榆、马柳光树	榆科榉属

形态特征 落叶乔木，高达 30 m，胸径达 100 cm；树皮呈不规则的片状剥落。叶薄纸质至厚纸质，大小形状变异很大，卵形、椭圆形或卵状披针形，长 3~10 cm，宽 1.5~5 cm，先端渐尖或尾状渐尖，基部有的稍偏斜，圆形或浅心形，缘具圆齿状锯齿。雌花径约 1.5 mm。核果淡绿色，直径 2.5~3.5 mm。花期 4 月；果期 9~11 月。

应用地域 产于我国辽宁（大连）、陕西（秦岭）、甘肃（秦岭）、山东、江苏、安徽、浙江、江西、福建、台湾、河南、湖北、湖南和广东。

园林应用 树形优美，树冠宽广，浓荫，秋叶红艳，可用作行道树、庭荫树。

相关品种 无。

珊瑚朴
Celtis julianae

俗名	科属名称
棠壳子树	榆科朴属

形态特征 落叶乔木，高达 25~30m。树皮灰色，树冠圆球形，幼枝密生黄色绒毛。单叶互生，厚纸质，宽卵形至卵状椭圆形，缘中部以上具钝齿，叶及叶柄密被黄色绒毛。春季枝上密生红褐色花序，形如珊瑚，花杂性；花期 4 月。核果单生叶腋，金黄色至橙黄色，卵状球形；果期 9~10 月。

应用地域 分布于我国陕西、甘肃、浙江、安徽、福建、江西、河南、湖北、湖南、广东、海南、四川、云南等省区。我国长江流域及以南各地习见栽培，北方亦有栽培。

园林应用 树形优美，树冠宽广，绿荫浓郁，春季新叶嫩绿，花序似珊瑚，适宜用作行道树或庭荫树；由于其具有抗烟尘和有毒气体能力，也可作为工矿企业绿化树种。

相关品种 同属种小叶朴（*C. bungeana*）叶厚纸质，狭卵形、长圆形、卵状椭圆形至卵形，长 3~7（~15）cm，宽 2~4（~5）cm，基部宽楔形至近圆形，先端尖至渐尖，缘具不规则疏浅齿。果成熟时蓝黑色，近球形。花期 4~5 月；果期 10~11 月；滇朴（*C. kunmingensis*）叶片和果均较小叶朴大，叶背基部脉腋有毛。

珊瑚朴

珊瑚朴

珊瑚朴

珊瑚朴

小叶朴

小叶朴

小叶朴

叶朴

小叶朴

朴

滇朴

朴

檫木
Sassafras tzumu

俗名	科属名称
檫树、山檫、青檫、桐梓树、黄楸树、鹅脚板	樟科檫木属

形态特征 落叶乔木，高可达 35 m，胸径达 2.5 m。叶互生，聚集于枝顶，卵形或倒卵形，长 9~18 cm，宽 6~10 cm，先端渐尖，基部楔形，全缘或 2~3 浅裂，叶柄纤细，长 (1)2~7 cm，鲜时常带红色。花序顶生，先叶开放，长 4~5 cm，多花，花黄色，长约 4 mm，雌雄异株. 果近球形，直径达 8 mm，成熟时蓝黑色而带有白蜡粉，果托呈红色。花期 3~4 月；果期 5~9 月。

应用地域 产于我国浙江、江苏、安徽、江西、福建、广东、广西、湖南、湖北、四川、贵州及云南等省区。

园林应用 檫木春季开花，先花后叶，叶形奇特，秋季变红，花、叶均具有较高的观赏价值，可用于庭园、公园孤植、列植也可用作行道树和山区造林绿化。

相关品种 无。

中文名索引

附录 中文名索引

学名索引

附录 学名索引

附录 学名索引